山东常见植物
野外识别图鉴

主编　唐敬伟　张海森　池立成

山东科学技术出版社
·济南·

图书在版编目（CIP）数据

山东常见植物野外识别图鉴 / 唐敬伟，张海森，池立成主编. -- 济南 : 山东科学技术出版社，2025. 5.
ISBN 978-7-5723-2702-5

Ⅰ. Q949-64

中国国家版本馆 CIP 数据核字第 2025HM6305 号

山东常见植物野外识别图鉴

SHANDONG CHANGJIAN ZHIWU YEWAI SHIBIE TUJIAN

责任编辑：庞　婕　张　琦

主管单位：山东出版传媒股份有限公司

出 版 者：山东科学技术出版社

地址：济南市市中区舜耕路 517 号

邮编：250003　电话：（0531）82098088

网址：www.lkj.com.cn

电子邮件：sdkj@sdcbcm.com

发 行 者：山东科学技术出版社

地址：济南市市中区舜耕路 517 号

邮编：250003　电话：（0531）82098067

印 刷 者：济南龙玺印刷有限公司

地址：济南市历城区桑园路 14 号

邮编：250100 电话：（0531）86027518

规格： 16 开（184 mm × 260 mm）

印张： 24　**字数：** 420 千

版次： 2025 年 5 月第 1 版　**印次：** 2025 年 5 月第 1 次印刷

定价： 198.00 元

编委会

前 言

齐鲁大地，山海相拥。东濒烟波浩渺的黄渤之滨，西接膏壤千里的中原沃野，北枕黄河奔流的冲积平原，南依岱崮巍峨的群山叠嶂。这片土地以多元的地貌与气候，孕育出丰饶的植物王国。从温带阔叶林到滨海湿地，从丘陵灌丛到平原草甸，每一株草木都镌刻着自然的密码，承载着文明的步履。本书的编撰，既是对这片土地生物多样性的系统梳理，亦是对人与自然和谐共生理念的实践探索。

本书立足全省生态视野，系统整合山东全域植物资源，涵盖山地、丘陵、平原、海岸四大生态区系，经过严格筛选，共收录山东省野外常见的植物 728 种，涵盖 120 科 424 属，构建起覆盖蕨类、裸子、被子植物的完整体系。为凸显学术规范与地方特色，每种植物均采用“中文名 + 汉语拼音 + 拉丁学名 + 地方俗名”的四维标注法，既遵循国际植物命名规则，又留存了世代相传的民间智慧，非常适合植物爱好者、科普工作者以及植物保护相关专业的学生野外考察使用。

在编纂体例上，我们秉持“科学性与实用性并重”的原则，对茎枝、叶片、花序、果实等部位的关键识别标志进行描述，方便读者快速锁定鉴别要点，每物种配以 2~3 张具有显著识别特征的高清全彩图片，使读者能够更加精准地把握每个物种的识别要领，力求在学术准确性与视觉直观性之间达成精妙平衡。

本书主要参考《中国植物志》《中国高等植物》《中国高等植物图鉴》《山东植物志》《山东植物精要》《中国常见植物野外识别手册》和 *Flora of China* 电子版等资料信息。为了方便读者查阅，本书按照植物的生活型分为蕨类植物、木本植物、藤本植物和草本植物四大类。将草本植物按照水生与陆生分开，书中的水生植物是指完全生长在水中的植物，而将生长在水边或者潮湿处的草本归类于陆生草本中。还将陆生草本按照特征进行细分，详细情况请参考目录。

本书得以出版要感谢中国植物图像库、中国植物智创建者以及众多签约摄影师们拍摄的精美参考图片，感谢李春喜、荆凡斌、丁乾坤等各位老师为本书提供的部分精美图片，感谢植物社群里各位植物大咖帮忙进行植物鉴定，对于为本书提供过帮助的众多同事、亲友，此处一并致谢。

由于编者水平有限，书中难免会有疏漏或欠缺之处，还祈盼专家和读者能批评指正，以便我们能及时改正。

目录

术语解释

叶形 Leaf Shapes

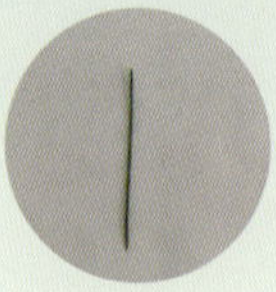
针形

条形

披针形

倒披针形

卵形

倒卵形

鳞形

圆形

戟形

箭形

心形

扇形

椭圆形

叶缘 Leaf Margins

全缘

锯齿

重锯齿

圆齿

皱波状

波状

刺状锯齿

叶的分裂方式 Leaf Segmentation

不裂

大头羽裂

羽状分裂

二回羽裂

掌状分裂

单叶和复叶 Simple Leaf and Compound Leaves

单叶

二回羽状复叶

一回羽状复叶

掌状复叶

叶序 Leaf Arrangement

簇生

对生

互生

基生

轮生

花序 Inflorescences

多歧聚伞花序

复伞形花序

镰状聚伞花序

轮伞花序

柔荑花序

伞房花序

伞形花序

穗状花序

头状花序

圆锥状花序

总状花序

果实 Fruits

翅果

短角果

蓇葖果

核果

荚果

坚果

浆果

聚合果

聚花果

梨果

瘦果

蒴果

长角果

第一章

蕨类植物

中华卷柏 *Selaginella sinensis* zhōng huá juǎn bǎi

卷柏科 卷柏属

多年生草本；长 15~40 cm。茎匍匐；羽状分枝；侧枝多达 10~20 个，1~2 次或 2~3 次分叉，小枝稀疏。叶交互排列，略二型，纸质，表面光滑，具白边，中叶稍向前，侧叶略上斜。孢子囊穗四棱柱型；孢子叶卵形，边缘具睫毛。生于灌丛中、岩石上或土坡上。

蔓出卷柏 *Selaginella davidii* （爬地卷柏） màn chū juǎn bǎi

卷柏科 卷柏属

多年草本；长 5~15 cm。匍匐状；主茎通体羽状分枝；侧枝 3~6 对，一回羽状分枝，分枝稀疏。叶二型，侧叶卵形，较大，与茎枝呈直角；中叶贴生茎枝上，较小。生于林下岩石上。

旱生卷柏 *Selaginella stauntoniana*（还魂草、马溜手）hàn shēng juǎn bǎi

卷柏科 卷柏属

多年生草本；高 15~35 cm。茎直立，散生，干旱时拳状卷曲；侧枝 3~5 对，二至三回羽状分枝。叶交互排列；小枝上的叶卵状椭圆形，具芒，基部平截，边缘全缘或近全缘，略反卷。生于岩石缝隙中。

卷柏 *Selaginella tamariscina*（还魂草、九死还魂草）juǎn bǎi

卷柏科 卷柏属

多年生直立草本，高 5~15 cm。主茎直立，顶端丛生小枝，小枝扇形分叉，辐射开展，干时内卷如拳。营养叶二型，背腹各 2 列，交互着生，中叶斜向上，不并行，卵状矩圆形，急尖而有长芒，边缘有微齿；侧叶斜展，宽超出腹叶，长卵圆形，急尖而有长芒，外侧边狭膜质，并有微齿，内侧边的膜质宽而全缘。孢子囊穗生于枝顶，四棱形；孢子叶卵状三角形，边缘膜质，有微齿，4 列交互排列，孢子囊圆肾形。生岩石或岩石缝中。

节节草 *Equisetum ramosissimum*（节节木贼）jié jié cǎo

木贼科 本贼属

多年生中小型植物；高 20~60 cm。根茎直立，横走或斜升，黑棕色；地上枝多年生；枝一型，主枝多在下部分枝，常形成簇生状；主枝有脊 5~14 条。鞘筒狭长达 1 cm，下部灰绿色，上部灰棕色。具三角形鞘齿 5~12 枚，灰白色，黑棕色或淡棕色。孢子囊穗短棒状或椭圆形，顶端有小尖突，无柄。生于潮湿的路旁、溪边或河边。

问荆 *Equisetum arvense* wèn jīng

木贼科 本贼属

多年生草本；高 5~35 cm。根茎斜升，直立和横走，黑棕色；枝二型；能育枝春季先萌发，黄棕色，无轮茎分枝。顶端着生孢子囊穗，孢子散后能育枝枯萎。不育枝后萌发，绿色，每节轮生分枝 7~11 条，分枝斜向上伸展，与主茎成锐角。生于溪边或河边。

银粉背蕨 *Aleuritopteris argentea* yín fěn bèi jué

凤尾蕨科 粉背蕨属

多年生草本；高 15~30 cm。根状茎直立或斜升，先端被披针形、棕色、有光泽的鳞片。叶簇生；叶片五角形，羽裂；正面暗绿色，背面具乳白色或淡黄色粉末，叶干后拳状卷缩。孢子囊群较多；囊群盖连续，狭，膜质，黄绿色，全缘，孢子三角状圆球形，周壁表面具颗粒状纹饰。生于石缝或墙缝中。

陕西粉背蕨 *Aleuritopteris argentea* var. *obscura*（多羽裸叶粉背蕨）shǎn xī fěn bèi jué

凤尾蕨科 粉背蕨属

多年生草本。叶簇生，叶柄栗红色，有光泽，光滑；叶片五角形，羽裂；叶正面绿色，光滑，背面无粉末。孢子囊群线形或圆形，周壁疏具颗粒状纹饰。生于石缝中和墙缝中。

井栏边草 *Pteris multifida* jǐng lán biān cǎo

凤尾蕨科 凤尾蕨属

多年生草本；高 30~45 cm。叶二型，簇生；不育叶一回羽状，羽片通常 3 对，对生，斜向上，无柄，线状披针形，叶缘有不整齐的尖锯齿并有软骨质的边，下部 1~2 对通常分叉，有时近羽状，顶生三叉羽片及上部羽片的基部显著下延，在叶轴两侧形成宽 3~5 mm 的狭翅；能育叶有较长的柄，羽片 4~6 对，狭线形，仅不育部分具锯齿，上部几对的基部长下延，在叶轴两侧形成 3~4 mm 的狭翅。生于石缝或墙缝中。

延羽卵果蕨 *Phegopteris decursive-pinnata*（翅轴假金星）yán yǔ luǎn guǒ jué

金星蕨科 卵果蕨属

多年生草本；高 30~60 cm。叶簇生；叶柄长 10~25 cm，淡禾秆色；叶片二回羽裂，或一回羽状而边缘具粗齿；羽片互生，斜展，中部最大，基部阔而下延，在羽片间彼此以圆耳状翅相连；裂片斜展，卵状三角形，钝头，全缘，向两端的羽片逐渐缩短，基部一对羽片常缩小成耳片。孢子囊群近圆形，背生于侧脉的近顶端，每裂片 2~3 对。生于潮湿的石缝中。

蕨 *Pteridium aquilinum* var. *latiusculum* （猴腿）jué

碗蕨科 蕨属

多年生草本；高可达 1 m。叶柄褐棕色或棕禾秆色，光滑，上面有浅纵沟 1 条；叶片阔三角形或长圆三角形，三回羽状分裂；小羽片下部具 1~3 对浅裂片或边缘具波状圆齿；叶脉稠密，仅下面明显；叶干后近革质或革质，暗绿色，上面无毛，下面在裂片主脉上多少被棕色或灰白色的疏毛或近无毛。孢子囊群沿叶缘分布。生于山地阳坡及森林边缘阳光充足的地方。

溪洞碗蕨 *Dennstaedtia wilfordii* xī dòng wǎn jué

碗蕨科 碗蕨属

多年生草本；高约 30 cm。根状茎细长，横走，黑色，疏被棕色节状长毛。叶 2 列疏生或近生；叶片长圆状披针形，二至三回羽状深裂；羽片 12~14 对，卵状阔披针形，互生；叶薄草质，光滑无毛。孢子囊群圆形，生末回羽片的腋中，或上侧小裂片先端；囊群盖半盅形。生于沟谷潮湿的石缝中。

细毛碗蕨 *Sitobolium hirsutum* xì máo wǎn jué

碗蕨科 碗蕨属

多年生草本；植株高约 20 cm。叶近簇生，两面密被灰色节状长毛，长圆披针形，先端渐尖，二回羽状，羽状分裂或深裂；叶脉羽状分叉，不到达齿端，每个小尖齿有小脉一条，水囊不显；叶轴和羽轴均密被灰色节状毛。孢子囊群圆形，生于小裂片腋中；囊群盖浅碗形，绿色，有毛。生于山地阴处的石缝中。

北京铁角蕨 *Asplenium pekinense* běi jīng tiě jiǎo jué

铁角蕨科 铁角蕨属

多年生草本；植株高 8~20 cm。叶簇生，叶柄淡绿色，疏生小鳞片，叶片披针形，坚草质，长 6~12 cm，二回羽状或三回羽裂；羽轴和叶轴两侧具狭翅，小羽片先端有 2~3 个尖锐的小齿牙；叶脉在两面均明显。孢子囊群长条形，斜向上，位于小羽片中部，成熟后为深棕色，常满铺于小羽片下面；囊群盖同形，灰白色，膜质，全缘。生于岩石上或石缝中。

过山蕨 *Asplenium ruprechtii* guò shān jué

铁角蕨科 铁角蕨属

多年生草本；高达 20 cm。叶近二型，簇生；基生叶不育，较短小；能育叶较大，叶柄长 1~5 cm，叶片披针形，全缘或略呈波状，先端伸成鞭状，末端稍卷曲，着地生根能产生新植株。孢子囊群线形或椭圆形，在主脉两侧各形成不整齐的 1~3 行，通常靠近主脉的 1 行较长，囊群盖灰绿色或浅棕色。生于林下潮湿的石缝中。

虎尾铁角蕨 *Asplenium incisum*（缩羽铁角蕨）hǔ wěi tiě jiǎo jué

铁角蕨科 铁角蕨属

多年生常绿草本；高 10~30 cm。叶密集簇生；叶阔披针形，中部宽，两端渐狭，一至二回羽状；羽片 12~22 对，下部的对生或近对生，向上互生；小羽片 4~6 对，互生，斜展，圆头并有粗齿牙；叶脉两面均可见，小羽片上的主脉不显著；叶薄草质，光滑。孢子囊群椭圆形，棕色，斜向上，生于小脉中部或下部，紧靠主脉。生于林下潮湿的石缝中。

东亚岩蕨 *Woodsia intermedia*（中岩蕨）dōng yà yán jué

岩蕨科 岩蕨属

多年生草本；高 10~25 cm。叶多数簇生；柄基部以上及叶轴均密被浅棕色的膝曲节状长毛及疏被线形的棕色小鳞片；叶一回羽状；羽片边缘波状或圆齿状浅裂，上侧有耳状凸起；叶脉不明显。孢子囊群圆形，位于小脉的顶端，靠近叶缘，沿叶缘排列成行；囊群盖杯形，边缘具睫毛或呈毛发状。生于林下石上及山谷石缝间。

日本安蕨 *Anisocampium niponicum*（日本蹄盖蕨、华北蹄盖蕨）rì běn ān jué

蹄盖蕨科 蹄盖蕨属

多年生草本。根状茎横卧，斜升，先端和叶柄基部密被鳞片。叶簇生；能育叶长可达 1.2 m；叶柄基部黑褐色，向上禾秆色，疏被较小的鳞片；叶片卵状长圆形，长 23~50 cm，中部宽 10~25 cm，二至三回羽状；叶脉下面明显，在裂片上为羽状，侧脉 4~5 对，斜向上。孢子囊群长圆形、弯钩形或马蹄形；囊群盖同形，褐色。生于林下、沟谷或石缝中。

修株肿足蕨 *Hypodematium gracile*（疏羽肿足蕨）xiū zhū zhǒng zú jué

肿足蕨科 肿足蕨属

多年生草本；高 22~40 cm。根状茎长而横走，连同叶柄膨大的基部密被红棕色披针形鳞片。叶片三角状卵形，四回羽裂，羽片 8~12 对，斜上；叶草质，上面除沿叶脉疏被灰白色的细柔毛外光滑，下面连同叶脉和各回羽轴密被柔毛、腺毛。孢子囊群圆形，背生于侧脉中部，每裂片 1~3 枚，圆肾形，灰棕色。生于山谷石缝中。

半岛鳞毛蕨 *Dryopteris peninsulae* bàn dǎo lín máo jué

鳞毛蕨科 鳞毛蕨属

多年生常绿草本；植株高达 60 cm。叶簇生；叶柄有 1 纵沟，叶片厚纸质，长圆形或狭卵状长圆形，二回羽状；羽片 12~20 对，基部 1 对对生，向上互生，具短柄，先端微上弯；小羽片或裂片达 15 对，边缘具浅波状齿。孢子囊群圆形，较大，通常仅生在叶片上半部分，沿裂片中肋排成 2 行；囊群盖褐色，宿存。生于阴湿林下杂草丛中或石缝中。

有柄石韦 *Pyrrosia petiolosa* yǒu bǐng shí wéi

水龙骨科 石韦属

多年生草本；高 5~15 cm。根状茎细长横走，密被鳞片。叶二型，厚革质；叶片椭圆形，全缘，上面有小洼点，下面被星状毛，初为淡棕色，后为砖红色；主脉下面稍隆起，上面凹陷，侧脉和小脉均不显；能育叶的叶柄远长于叶片。孢子囊群布满叶片下面；不育叶具短柄。多附生于干旱裸露岩石上。

华北石韦 *Pyrrosia davidii*（北京石韦）huá běi shí wéi

水龙骨科 石韦属

多年生草本；植株高 5~10 cm。根状茎横卧，密被披针形鳞片；叶密生，一型；叶柄长 2~5 cm；叶片披针形，中部最宽，向两端渐狭，全缘，上面淡灰绿色，下面棕色，密被星状毛，主脉在下面隆起不明显，上面浅凹陷，侧脉与小脉均不显。孢子囊群布满叶片下表面，成熟时孢子囊开裂，呈砖红色。附生于阴湿的岩石上。

槐叶蘋 *Salvinia natans*（槐叶苹）huái yè píng

槐叶蘋科 槐叶蘋属

小型漂浮植物。茎细长而横走，被褐色节状毛。三叶轮生，上面两叶水面漂浮，形似槐叶，长圆形或椭圆形，全缘；叶脉斜出，侧脉15~20对，每条小脉上具5~8束白色刚毛；叶上面深绿色，下面密被棕色茸毛；下面一叶悬垂水中，细裂成线状，被细毛，形如须根。生于水库、沟塘和河道静水中。

满江红 *Azolla pinnata* subsp. *asiatica*（红苹）mǎn jiāng hóng

槐叶蘋科 满江红属

小型漂浮植物；植物体呈卵形或三角状。叶小如芝麻，互生，无柄，覆瓦状排列成两行，叶片深裂分为背裂片和腹裂片两部分，背裂片长圆形或卵形，肉质，绿色，但常在秋后变为紫红色，边缘无色透明，上表面密被乳状瘤突；腹裂片贝壳状，无色透明，多少饰有淡紫红色，斜沉水中。生于沟塘静水中。

第二章

木本植物

银杏 *Ginkgo biloba*（公孙树、白果）yín xìng

银杏科 银杏属

乔木；高达 40 m。叶扇形，有长柄，有多数叉状并列细脉，具波状缺刻或 2 裂，叶在一年生长枝上螺旋状散生，在短枝上呈簇生状。球花单性，雌雄异株；雄球花柔荑花序状，下垂；雌球花具长梗，梗端常分两叉，通常仅一个叉端的胚珠发育成种子。种子椭圆形至圆球形，熟时黄色或橙黄色，外被白粉，有臭味。花期 3~4 月，种子 9~10 月成熟。栽培植物，有时逸为野生。

华山松 *Pinus armandiih*（五叶松）huà shān sōng

松科 松属

常绿乔木；高达 35 m。幼树树皮灰绿色或淡灰色，平滑，老则呈灰色，裂成方形或长方形厚块片固着于树干上或脱落。枝条平展，形成圆锥形或柱状塔形树冠；一年生枝绿色或灰绿色，微被白粉。针叶 5 针一束。雄球花黄色，卵状圆柱形。球果圆锥状长卵圆形，较大，成熟时种鳞张开，种子脱落。花期 4~5 月，球果第二年 9~10 月成熟。山区引种造林树种。

白皮松 *Pinus bungeana*（蟠龙松、虎皮松）bái pí sōng

松科 松属

常绿乔木；高达 30 m。幼树树皮光滑，灰绿色，长大后树皮呈不规则的薄块片脱落。针叶 3 针一束。球果通常单生，初直立，后下垂，熟时淡黄褐色，卵圆形或圆锥状卵圆形；种鳞矩圆状宽楔形，先端厚，鳞盾近菱形，有横脊，鳞脐顶端有刺，刺之尖头向下反曲。花期 4~5 月，球果第二年 10~11 月成熟。引种栽培植物。

赤松 *Pinus densiflora*（日本赤松）chì sōng

松科 松属

常绿乔木；高达 30 m。树皮橘红色，裂成不规则的鳞片状块片脱落。枝平展形成伞状树冠。针叶 2 针一束。雄球花淡红黄色，圆筒形，聚生于新枝下部呈短穗状；雌球花淡红紫色，单生或 2~3 个聚生。球果成熟时暗黄褐色，种鳞张开；鳞脐平或微凸起，常有短刺。花期 4 月，球果第二年 9 月下旬至 10 月成熟。生于偏酸性的山地、丘陵，常与油松混生。

油松 *Pinus tabuliformis* yóu sōng

松科 松属

常绿乔木；高达 25 m。树皮灰褐色或褐灰色，裂成不规则较厚的鳞状块片，裂缝及上部树皮红褐色。枝平展或向下斜展，老树树冠平顶。针叶 2 针一束，深绿色，粗硬，两面具气孔线。雄球花圆柱形，在新枝下部聚生成穗状；球果卵形或圆卵形，向下弯垂。常宿存树上数年之久；鳞脐凸起有尖刺。花期 4~5 月，球果第二年 10 月成熟。生于山地、林区。

黑松 *Pinus thunbergii*（日本黑松）hēi sōng

松科 松属

常绿乔木；高达 30 m。幼树树皮暗灰色，老则灰黑色，粗厚，裂成块片脱落；冬芽银白色，芽鳞边缘白色丝状。针叶 2 针一束，深绿色，有光泽，粗硬。果成熟时褐色，圆锥状卵圆形或卵圆形；鳞脐微凹，有短刺。花期 4~5 月，种子第二年 10 月成熟。引种栽培植物，已成山地造林的主要树种。

侧柏 *Platycladus orientalis*（柏树）cè bǎi

柏科 侧柏属

常绿乔木；高达 20 m。树皮薄，浅灰褐色，纵裂成条片；幼树树冠卵状尖塔形，老树树冠则为广圆形。小枝扁平，在竖直方向排成一平面。叶鳞形，先端微钝。雄球花黄色，卵圆形；雌球花蓝绿色，近球形，被白粉。球果近卵圆形，成熟后裂开，红褐色。花期 3~4 月，球果 10 月成熟。生于山地、丘陵。

圆柏 *Juniperus chinensis*（刺柏）yuán bǎi

柏科 刺柏属

常绿乔木；高达 20 m。幼树树冠尖塔形，老则广圆形。叶有刺叶和鳞叶二型；幼树全为刺叶，老龄树全为鳞叶，壮龄树兼有刺叶与鳞叶；一年生小枝的鳞叶三叶轮生；刺叶三叶交互轮生，有两条白粉带；雌雄异株。球果近圆球形，两年成熟，熟时暗褐色。花期 4 月，果期翌年 11 月。生于中性土、钙质土及微酸性土上，多为栽培植物。

水杉 *Metasequoia glyptostroboides* shuǐ shān

柏科 水杉属

落叶乔木；高达 35 m。侧生小枝排成羽状，叶、芽鳞、雄球花、雄蕊、珠鳞与种鳞均交互对生。叶线形，在侧枝上排成羽状。雄球花排成总状花序状或圆锥花序状，雌球花单生侧生小枝顶端。球果下垂，当年成熟，近球形。种子扁平。花期 4~5 月，球果 10~11 月成熟。引种栽培植物。

三桠乌药 *Lindera obtusiloba*（橿军、假崂山棍、山姜）sān yá wū yào

樟科 山胡椒属

落叶灌木；高 3~10 m。小枝黄绿色，当年枝条较平滑，有纵纹，老枝渐多木栓质皮孔、褐斑及纵裂。叶互生，近圆形至扁圆形，全缘或 3 裂，常明显 3 裂，上面深绿，下面绿苍白色；三出脉，偶有五出脉；雌雄同株异花，花被片 6，黄色。果宽椭圆形，成熟时红色，后变紫黑色。花期 3~4 月，果期 8~9 月。生于山谷石缝或石壁上。

枫香树 *Liquidambar formosana*（路路通）fēng xiāng shù

金缕梅科 枫香树属

落叶乔木；高达 30 m。叶薄革质，阔卵形，掌状 3 裂；叶柄长达 11 cm。雄性短穗状花序常多个排成总状；雌性头状花序有花 24~43 朵；头状果序圆球形，木质。蒴果下半部藏于花序轴内，有宿存花柱及针刺状萼齿。种子多数，褐色，多角形或有窄翅。花期 4 月，果期 10 月。性喜阳光，多生于平地、村落附近及低山的次生林。

大果榆 *Ulmus macrocarpa*（黄榆、山榆）dà guǒ yú

榆科 榆属

落叶乔木或灌木；高达 20 m。小枝常有木栓翅。叶宽倒卵形至倒卵形，厚革质，先端短尾状，边缘具大而浅钝的重锯齿。花在去年生枝上排成簇状聚伞花序或散生于新枝的基部。翅果宽倒卵状圆形、近圆形或宽椭圆形，长 1.5~4.7 cm，宽 2~3 cm，两面及边缘有毛，果核部分位于翅果中部。花果期 4~5 月。适应性较强，生于向阳山坡或林中。

榆 *Ulmus pumila*（白榆、家榆、榆、榆钱）yú

榆科 榆属

落叶乔木；高达 25 m。叶椭圆状卵形或卵状披针形，长 2~8 cm，基部偏斜，叶面平滑无毛，边缘具重锯齿或单锯齿。花先叶开放，在去年生枝的叶腋成簇生状。翅果近圆形，长 1.2~2 cm，仅顶端缺口柱头面被毛外，余处无毛，果核部分位于翅果的中部。花果期 3~5 月。生于山坡、山谷、川地、丘陵等。

春榆 *Ulmus davidiana* var. *japonica*（白皮榆、日本榆）chūn yú

榆科 榆属

落叶乔木；高达 15 m。枝条有时具木栓翅。叶互生，倒卵状椭圆形或椭圆形，长 3~9 cm，边缘重锯齿，侧脉 8~16 对，叶两面均被毛，有时毛脱落而较平滑。花先叶开放，簇生于去年生叶腋。翅果倒卵形或近倒卵形；长 7~15 mm，无毛；种子位于果实上部，上端接近凹缺处。花果期 3~5 月。生于山坡林地、沟谷。

榔榆 *Ulmus parvifolia*（小叶榆、秋榆、掉皮榆）láng yú

榆科 榆属

落叶乔木；高达 25 m。树皮呈不规则鳞状薄片剥落。叶厚，披针状卵形，基部偏斜，边缘单锯齿，侧脉每边 10~15 条，细脉明显。花秋季开放。翅果椭圆形或卵状椭圆形，果核部分位于翅果的中上部。花果期 9~10 月。生于平原、丘陵、山坡及谷地。

大叶朴 *Celtis koraiensis* dà yè pǔ

大麻科 朴属

落叶乔木；高达 15 m。叶椭圆形至倒卵状椭圆形，先端具尾状长尖，长尖常由平截状先端伸出，边缘具粗锯齿。果单生叶腋，果梗长 1.5~2.5 cm，果近球形至球状椭圆形，直径约 12 mm，成熟时橙黄色至深褐色。花期 4~5 月，果期 9~10 月。生于山坡、沟谷林中。

（张海森摄）

黑弹树 *Celtis bungeana*（小叶朴、黑弹朴）hēi dàn shù

大麻科 朴属

落叶乔木；高达 10 m。叶厚纸质，狭卵形至卵形，基出三脉，中部以上具不规则浅齿；萌发枝上的叶形变异较大，先端可具尾尖且有糙毛。果单生叶腋，柄细长，果成熟时蓝黑色，球形；树枝常具瘤状虫瘿。花期 4~5 月，果期 10~11 月。生于路旁、山坡、灌丛或林边。

桑 *Morus alba*（桑树）sāng

桑科 桑属

落叶乔木或灌木；高达 15 m；具乳汁。叶互生，卵形或广卵形，有时各种分裂，无毛。花单性，腋生或生于芽鳞腋内，与叶同时生出；雄花序下垂，长 2~3.5 cm，密被白色柔毛；雌花序长 1~2 cm，被毛。聚花果卵状椭圆形，成熟时红色或暗紫色。花期 4~5 月，果期 5~6 月。雌雄异株，生于路边、田埂、林缘或沟谷。

蒙桑 *Morus mongolica* méng sāng

桑科 桑属

落叶小乔木或灌木；高 3~8 m；具乳汁。叶长椭圆状卵形，不分裂或 3~5 裂，边缘有粗锯齿，齿尖有长刺芒，先端尾尖，基部心形；叶柄长 2.5~3.5 cm。雄花序穗状，长 3 cm；雌花序短圆柱状，长 1~1.5 cm。聚花果成熟时红色至紫黑色。花期 3~4 月，果期 4~5 月。雌雄异株，生于路边、林缘或沟谷。

构 *Broussonetia papyrifera*（构树）gòu

桑科 构属

落叶乔木；高 10~20 m；具乳汁。树干常有褐色与黄色的条纹；小枝密生柔毛。叶互生，广卵形至长椭圆状卵形，边缘具粗锯齿，不分裂或 3~5 裂，表面粗糙，疏生糙毛，背面密被茸毛，基生叶脉三出。雄花序为柔荑花序，粗壮，被毛；雌花序头状。聚花果球形，熟时橙红色。花期 4~5 月，果期 6~9 月。雌雄异株，生于路边、林缘或沟谷。

柘 *Maclura tricuspidata*（柘树、黄桑）zhè

桑科 橙桑属

落叶灌木或小乔木；高 1~7 m；具乳汁；枝有棘刺。叶卵形或菱状卵形，偶为 3 裂，正面深绿色，背面绿白色。雌雄花序均为球形头状花序，单生或成对腋生，具短总花梗。聚花果近球形，直径约 2.5 cm，肉质，成熟时橘红色。花期 5~6 月，果期 6~7 月。雌雄异株，多生长在阳光充足的石灰岩山地或林缘。

（池立成摄）

胡桃 *Juglans regia*（核桃）hú táo

胡桃科 胡桃属

落叶乔木，树冠广阔；高达 25 m。树皮幼时灰绿色，老时则灰白色而纵向浅裂。奇数羽状复叶，小叶通常 5~9 枚，稀 3 枚，椭圆状卵形至长椭圆形，顶端钝圆或急尖、短渐尖，基部歪斜、近于圆形，边缘全缘或在幼树上者具稀疏细锯齿。雄性柔荑花序下垂；雌性穗状花序通常具 1~4 雌花。果实近于球状，直径 4~6 cm，无毛；果核稍具皱曲，有 2 条纵棱，顶端具短尖头。花期 5 月，果期 10 月。多为人工栽培，有时逸为野生。

黑胡桃 *Juglans nigra*（美国黑核桃、黑核桃）hēi hú táo

胡桃科 胡桃属

落叶乔木；高可达 30 m。一年生枝条有灰白色柔毛，皮孔稀疏而明显。奇数羽状复叶，互生；小叶片披针形，叶柄及叶轴密被柔毛；雌雄同株。雄柔荑花序长，着生于侧芽处；雌花序顶生，小花 2~5 一簇。果序短，具果实 1~3；假核果圆形，密被黄色腺体及稀疏的腺毛；果核表面无明显的纵棱，有不规则刻状条纹。花果期 4~9 月。原产美国，引种栽培植物。

胡桃楸 *Juglans mandshurica*（山核桃、核桃楸、野核桃）hú táo qiū

胡桃科 胡桃属

落叶乔木；高达 20 余 m。奇数羽状复叶，叶柄及叶轴被短柔毛或星芒状毛，小叶 9~23 枚；小叶椭圆形至长椭圆状披针形，边缘有细锯齿。雄性柔荑花序轴被短柔毛；雌性穗状花序具 4~10 雌花。果序俯垂，通常具 5~7 果实；果实卵球形，顶端尖，密被腺质短柔毛；果核表面具 8 条纵棱，其中 2 条较显著，各棱间具不规则皱曲及凹穴，顶端具尖头。花期 5 月，果期 8~9 月。生于沟谷两旁或山坡阔叶林中。

枫杨 *Pterocarya stenoptera*（坪柳）fēng yáng

胡桃科 枫杨属

落叶乔木；高达 30 m。叶多为偶数或稀奇数羽状复叶，叶轴具翅；小叶长椭圆形，基部歪斜，边缘有向内弯的细锯齿。雄性柔荑花序单独生于去年生枝条上叶痕腋内，绿色；雌性柔荑花序顶生，红色。果实长椭圆形，具双翅，似苍蝇。花期 4~5 月，果期 8~9 月。多生于河边、溪谷。

栗 *Castanea mollissima*（板栗、栗子、毛栗）lì

壳斗科 栗属

落叶乔木；高达 20 m。叶椭圆至长圆形，常一侧偏斜而不对称，叶背被星芒状伏贴茸毛或因毛脱落变为几无毛；叶柄长 1~2 cm；雄花序柔荑花序，直立，花序轴被毛；花 3~5 朵聚生成簇，雌花 1~3 朵发育结实；成熟壳斗有锐刺；坚果常 1~3。花期5~6 月，果熟期 9~10 月。多为山区栽培，亦有野生者。

麻栎 *Quercus acutissima*（红橡子）má lì

壳斗科 栎属

落叶乔木；高达 30 m。树皮深灰褐色，深纵裂。叶片通常为长椭圆状披针形，顶端长渐尖，基部圆形或宽楔形，叶缘有刺芒状锯齿，叶片正反两面绿色。雄花序柔荑状，常数个集生于当年生枝下部叶腋。壳斗杯形，包着坚果约 1/2；小苞片钻形或扁条形，向外反曲；坚果卵形或椭圆形。花期 3~4 月，果期翌年 9~10 月。常生于海拔 1000 m 以下的山地阳坡。

栓皮栎 *Quercus variabilis*（软木栎、白橡子）shuān pí lì

壳斗科 栎属

落叶乔木；高达 30 m。树皮黑褐色，深纵裂，木栓层发达，按压有弹性。叶片卵状披针形或长椭圆形，顶端渐尖，基部圆形或宽楔形，叶缘具刺芒状锯齿，叶背密被灰白色星状茸毛。雄花序柔荑状，花序轴密被褐色茸毛。壳斗杯形；小苞片钻形，反曲，坚果近球形或宽卵形。花期 3~4 月，果期翌年 9~10 月。常生于海拔 800 m 以下的阳坡。

槲树 *Quercus dentata*（波罗叶、柞栎）hú shù

壳斗科 栎属

落叶乔木；高达 25 m。小枝粗壮，有沟槽，密被茸毛。叶片倒卵形，基部耳形，叶缘波状裂片，叶背面密被茸毛；叶柄短，密被茸毛。雄花序为柔荑花序，花序轴密被淡褐色茸毛，花数朵簇生于花序轴上。壳斗杯形，包着坚果 1/3~1/2，小苞片革质，窄披针形，反曲或直立，红棕色；坚果卵形，有宿存花柱。花期 4~5 月，果期 9~10 月。常生于杂木林或松林中。

辽东栎 *Quercus wutaishanica* liáo dōng lì

壳斗科 栎属

落叶乔木；高达 30 m。叶片倒卵形，顶端短钝尖或短凸尖，基部窄圆形或耳形，叶缘钝齿或粗齿，侧脉 5~7 对；叶柄短，2~4 mm。雄花序生于新枝下部，花序轴近无毛；雌花序生于新枝上端叶腋，长约 1 cm。壳斗杯形，成熟时包着坚果 1/3，壳斗外壁小苞片三角状卵形，扁平或凸起；坚果卵形至长卵形。花期 4~5 月，果期 9 月。生于山地林中。在植物智中，本种已与蒙古栎合并。

槲栎 *Quercus aliena* （青冈树）hú lì

壳斗科 栎属

落叶乔木；高达 20 m；叶长椭圆状倒卵形至倒卵形，先端短钝尖，边缘疏有波状钝齿，老叶下面被灰褐色细茸毛或近无毛；叶柄长 1~3 cm。雄花单生或数朵簇生于花序轴，微有毛；雌花序生于新枝叶腋，单生或 2~3 朵簇生。壳斗杯形，包围坚果约 1/2；苞片卵状披针形，紧贴，被灰白色短柔毛；坚果椭圆状卵形至卵形。花期 3~5 月，果期 9~10 月。生于向阳山地上。

鹅耳枥 *Carpinus turczaninowii* é ěr lì

桦木科 鹅耳枥属

落叶乔木；高 5~10 m。叶卵形，边缘具重锯齿，侧脉 8~12 对。花先叶开放，雌花生于苞片内，柱头外露，雄花序为柔荑花序，雄蕊红色。果序长 3~5 cm；果苞变异较大，半卵形至卵形，顶端钝尖或渐尖；小坚果宽卵形，长约 3 mm。花期 4~5 月，果期 8~9 月。生于海拔 500 m 以上的山坡、山顶或沟谷中。

辽东桤木 *Carpinus turczaninowii*（水冬瓜）liáo dōng qī mù

桦木科　桤木属

落叶乔木；高 6~20 m。树皮灰褐色，光滑。叶互生，近圆形，顶端圆，基部圆形或宽楔形，边缘具波状缺刻，缺刻间具不规则的粗锯齿，侧脉 5~10 对；叶柄长 1.5~5.5 cm，密被短柔毛。果序 2~8 枚呈总状或圆锥状排列，近球形或矩圆形，序梗极短；果苞木质，顶端微圆，具 5 枚浅裂片；小坚果宽卵形。花期 4~5 月，果期 9~10 月。生于林中沟谷中。

甘蒙柽柳 *Tamarix austromongolica* gān méng chēng liǔ

柽柳科　柽柳属

灌木或小乔木；高 1.5~6 m。树干和老枝栗红色，枝条直立。叶灰蓝绿色，鳞片状；春和夏秋均开花；总状花序排成顶生大型圆锥花序；花序轴质硬，直伸，花梗极短；花密集，萼片 5，卵形，绿色；花瓣 5，倒卵状长圆形，淡紫红色，顶端向外反折；雄蕊 5，伸出花瓣之外，花丝丝状。蒴果长圆锥形。花果期 5~9 月。生于水边、河滩盐碱地。

（郑德柱摄）

紫椴 *Tilia amurensis* （籽椴）zǐ duàn

锦葵科 椴属

落叶乔木；高 25 m。嫩枝绿色，光滑无毛。叶阔卵形或卵圆形，互生，下面叶脉腋有毛丛，先端尾状，基部心形，有时斜截形，边缘有锯齿。聚伞花序纤细，无毛，有花 3~20 朵；苞片狭带形，两面均无毛，下半部与花序柄合生，基部有柄；萼片阔披针形，外面有星状柔毛；花瓣 5，白色。果实卵圆形，被星状茸毛。花果期 5~9 月。生于山地林中。

辽椴 *Tilia mandshurica* （糠椴）liáo duàn

锦葵科 椴属

落叶乔木；高达 20 m。树皮暗灰色；嫩枝被灰白色星状茸毛，顶芽有茸毛。叶卵圆形，先端短尖，基部斜心形或截形，上面无毛，下面密被灰色星状茸毛，边缘有三角形锯齿。聚伞花序有花 6~12 朵，花序柄有毛；花柄有毛；苞片窄长圆形或窄倒披针形，下半部 1/3~1/2 与花序柄合生，基部有柄；萼片外面有星状柔毛，内面有长丝毛；花瓣黄色。果实球形，有 5 条不明显的棱，被黄褐色茸毛。花果期 5~9 月。生于山地林中。

小花扁担杆 *Grewia biloba* var. *parviflora*（孩儿拳头、娃娃拳）xiǎo huā biǎn dan gān 锦葵科 扁担杆属

落叶灌木；高 1~4 m。多分枝，嫩枝被粗毛。叶互生，椭圆形或倒卵状椭圆形，两面被星状短柔毛，下面毛更密，基出脉 3 条，边缘有细锯齿。聚伞花序腋生，多花；花柄长 3~6 mm；萼片狭披针形，外面被毛，内面无毛；花瓣 5，极短，淡黄色。核果红色，有 2~4 颗分核，冬天不落。花期 5~7 月，果熟期 10~12 月。生于山地林缘、林下、灌丛或沟谷。

毛白杨 *Populus tomentosa*（糠椴）máo bái yáng 杨柳科 杨属

落叶乔木；高达 30 m。树皮幼时暗灰色，壮时灰绿色，渐变为灰白色，老时基部黑灰色，具菱形皮孔；小枝及叶片初时被灰毡毛，后光滑。叶卵形或三角状卵形，上面暗绿色，有光泽，具深波状齿牙缘。雄花序苞片密生长毛，雄蕊 6~12，花药红色；雌花序苞片褐色，尖裂，沿边缘有长毛；子房长椭圆形，柱头 2 裂，粉红色。蒴果圆锥形或长卵形，2 瓣裂。花果期 3~5 月。栽培植物，有时逸为野生。生于村边、路旁、山地或林缘。

小叶杨 *Populus simonii* xiǎo yè yáng

杨柳科 杨属

落叶乔木；高达 20 m。叶菱状卵形、菱状椭圆形或菱状倒卵形，中部以上较宽，先端渐尖，边缘平整，具细锯齿，上面淡绿色，下面灰绿或微白，无毛。雄花序无毛，苞片细条裂，雄蕊 8~9；雌花序长 2.5~6 cm；苞片淡绿色，裂片褐色，无毛，柱头 2 裂。蒴果小，2 瓣裂。花果期 3~5 月。生于山地沟谷。

加杨 *Populus* × *canadensis* （加拿大杨、欧美杨、加拿大白杨） jiā yáng

杨柳科 杨属

落叶乔木；高 30 余 m。叶三角形或三角状卵形，长枝和萌生枝的叶较大，一般长大于宽，先端渐尖，基部截形或宽楔形，有圆锯齿，近基部较疏，具短缘毛，上面暗绿色，下面淡绿色；叶柄侧扁而长，带红色。雄花序轴光滑，每花有雄蕊 15~25；雌花序有花 45~50 朵，柱头 4 裂。蒴果卵圆形，先端锐尖，2~3 瓣裂。雄株多，雌株少。花果期 3~5 月。栽培树种，喜温暖湿润气侯，耐瘠薄及微碱性土壤。

旱柳 *Salix matsudana* hàn liǔ

杨柳科 柳属

落叶乔木；高达 18 m。大枝斜上，树冠广圆形；树皮暗灰黑色，有裂沟；枝细长，直立或斜展。芽微有短柔毛；叶披针形，上面绿色，有光泽，下面苍白色或带白色，有细腺锯齿缘。花与叶同时开放；雄花序圆柱形，雄蕊 2，花药卵形，黄色；雌花序较雄花序短，有 3~5 小叶生于短花序梗上。果序长达 2.5 cm。花果期 4~5 月。生于山地、路旁、河边及村旁。

垂柳 *Salix babylonica* （柳树） chuí liǔ

杨柳科 柳属

落叶乔木；高达 12~18 m。树皮灰黑色，不规则开裂；枝细，下垂。叶狭披针形或线状披针形，先端长渐尖，基部楔形两面无毛或微有毛，上面绿色，下面色较淡，锯齿缘。雄花序有短梗，轴有毛；雌花序具梗，基部有 3~4 小叶，轴有毛；子房椭圆形。蒴果带绿黄褐色。花果期 4~5 月。生于河边、沟谷潮湿处。

大花溲疏 *Deutzia grandiflora* dà huā sōu shū

虎耳草科 溲疏属

灌木；高约 2 m。全株被星状毛；老枝表皮片状脱落。叶对生，纸质，卵状菱形或椭圆状卵形，边缘具锯齿，下面灰白色。聚伞花序具花 2~3 朵；花蕾长圆形；花冠直径 2~2.5 cm；花瓣白色，长圆形或倒卵状长圆形，先端圆形，花蕾时内向镊合状排列。蒴果半球形，具宿存萼裂片外弯。花期 4~6 月，果期 9~11 月。生于山坡、山谷和路旁灌丛中。

华北绣线菊 *Spiraea fritschiana* huá běi xiù xiàn jú

蔷薇科 绣线菊属

灌木；高 1~2 m。枝条粗壮，小枝具明显棱角；叶片卵形、椭圆卵形或椭圆长圆形，边缘有不整齐锯齿。复伞房花序顶生于当年生直立新枝上，多花；苞片披针形或线形，微被短柔毛；花瓣白色，卵形，先端圆钝；雄蕊长于花瓣。蓇葖果几直立，开张，宿存萼片反折。花期 6 月，果期 7~8 月。生于岩石坡地、山谷丛林间。

土庄绣线菊 *Spiraea pubescens* tǔ zhuāng xiù xiàn jú

蔷薇科 绣线菊属

灌木；高 1~2 m。叶片菱状卵形至椭圆形，先端急尖，基部宽楔形，边缘自中部以上有深刻锯齿，有时 3 裂。伞形花序具总梗，有花 15~20 朵；苞片线形，被短柔毛；花瓣卵形、宽倒卵形或近圆形，先端圆钝或微凹，白色；雄蕊与花瓣等长。蓇葖果开张，仅在腹缝微被短柔毛，宿存萼片直立。花期 5~6 月，果期 7~9 月。生于干燥岩石坡地、半阴处、杂木林间。

三裂绣线菊 *Spiraea trilobata* sān liè xiù xiàn jú

蔷薇科 绣线菊属

灌木；高 1~2 m。小枝细瘦，稍呈之字形弯曲；叶片近圆形，先端钝，常 3 裂，基部具显著 3~5 脉。伞形花序具总梗，无毛，有花 15~30 朵；苞片线形或倒披针形，上部深裂成细裂片；花瓣宽倒卵形，先端常微凹，雄蕊比花瓣短。蓇葖果开张，仅沿腹缝微具短柔毛或无毛，具宿存萼片直立。花期 5~6 月，果期 7~8 月。生于多岩石向阳坡地或沟谷灌丛中。

牛叠肚 *Rubus crataegifolius*（托盘、蓬藥、山楂叶悬钩子）niú dié dǔ

蔷薇科 悬钩子属

直立灌木；高 1~3 m。枝具微弯皮刺。单叶互生，卵形至长卵形，边缘 3~5 掌状分裂，有不规则缺刻状锯齿；叶柄疏生柔毛和小皮刺。花数朵簇生或成短总状花序，常顶生；花瓣椭圆形或长圆形，白色，几乎与萼片等长。聚合果近球形，暗红色，无毛，有光泽。花期 5~6 月，果期 7~9 月。生于向阳山坡灌木丛中或林缘，常在山沟、路边成群生长。

茅莓 *Rubus parvifolius* máo méi

蔷薇科 悬钩子属

灌木；高 1~2 m。枝呈弓形弯曲，被柔毛和稀疏钩状皮刺。奇数羽状复叶，小叶 3，菱状圆形或倒卵形，边缘有锯齿；叶柄被柔毛和稀疏小皮刺。伞房花序顶生或腋生，稀顶生花序成短总状，具花数朵，被柔毛和细刺；花萼外面密被柔毛和针刺；花粉红至紫红色。果实卵球形，红色。花期 5~6 月，果期 7~8 月。生于山坡杂木林下、向阳山谷与路旁。

粉团蔷薇 *Rosa multiflora* var. *cathayensis* fěn tuán qiáng wēi 蔷薇科 蔷薇属

攀缘灌木；高 1~2 m。小枝圆柱形，有短、粗稍弯曲皮刺。奇数羽状复叶；小叶 5~9，近花序的小叶有时3；小叶片倒卵形至卵形，边缘有尖锐单锯齿；托叶篦齿状，大部贴生于叶柄。花多朵，排成圆锥状花序；花瓣粉红色，宽倒卵形，先端微凹。果近球形，熟时红褐色或紫褐色，有光泽，萼片脱落。花果期 5~11 月。生于山坡、灌丛或河边等处。

水榆花楸 *Sorbus alnifolia* shuǐ yú huā qiū 蔷薇科 花楸属

落叶乔木；高达 20 m。小枝圆柱形，具灰白色皮孔，二年生枝暗红褐色，老枝暗灰褐色，无毛。叶片卵形至椭圆卵形，边缘有不整齐的尖锐重锯齿，侧脉直达叶边齿尖。复伞房花序较疏松；花瓣卵形或近圆形，先端圆钝，白色。果实椭圆形或卵形，熟时红色，不具斑点或具极少数细小斑点。花期 5~6 月，果期 9~10 月。生于山坡、山沟、山顶混交林或灌木丛中。

杜梨 *Pyrus betulifolia* （棠梨）dù lí

蔷薇科 梨属

落叶乔木；高达 10 m。枝常具刺，幼枝、幼叶、花梗及萼筒均被灰白色茸毛。叶片菱状卵形至长圆卵形，边缘有粗锐锯齿。伞形总状花序，有花 10~15 朵；花瓣白色，宽卵形，先端圆钝，基部具有短爪。果实近球形，直径 5~10 mm，褐色，有淡色斑点，萼片脱落。花期 4 月，果期 8~9 月。生于山坡阳处。

褐梨 *Pyrus phaeocarpa* （杜梨）hè lí

蔷薇科 梨属

落叶乔木；高达 5~8 m。小枝、花梗幼时具白色茸毛，后逐渐脱落。叶片圆卵形至长卵形，边缘有尖锐锯齿，齿尖向外。伞形总状花序，有花 5~8 朵；萼筒外面具白色茸毛；花瓣卵形，白色；雄蕊 20，长约花瓣之半。果实球形或卵形，直径 2~2.5 cm，褐色，有斑点，萼片脱落。花期 4 月，果期 8~9 月。生于山坡、黄土丘陵地区的杂木林中。

西北栒子 *Cotoneaster zabelii* xī běi xún zǐ

蔷薇科 栒子属

落叶灌木；高达 2 m。叶片椭圆形至卵形，全缘，上面具稀疏柔毛，下面密被带黄色或带灰色茸毛。聚伞花序，总花梗和花梗被柔毛；萼筒及萼片具柔毛；花瓣直立，倒卵形或近圆形，先端圆钝，浅红色。果实倒卵形至卵球形，鲜红色。花期 5~6 月，果期 8~9 月。生于山坡阴处、沟谷边及灌木丛中。

山楂 *Crataegus pinnatifida* （山里红、红果）shān zhā

蔷薇科 山楂属

落叶乔木；高达 6 m。小枝常有刺。叶片宽卵形或三角状卵形，通常 3~5 羽状深裂，边缘有尖锐稀疏不规则重锯齿；托叶镰形，边缘有锯齿。伞房花序；花瓣倒卵形或近圆形，白色。果实近球形或梨形，深红色，有浅色斑点；小核 3~5，外面稍具棱，内面两侧平滑；萼片宿存。花期 5~6 月，果期 9~10 月。多为人工栽培植物，少数呈野生状态。

桃 *Prunus persica* （桃子）táo

蔷薇科 李属

落叶乔木；高 3~8 m。小枝绿色，向阳处红色；叶卵状披针形，边缘有锯齿；叶柄粗壮，常具 1 至数枚腺体。花单生，先于叶开放；花瓣长圆状椭圆形至宽倒卵形，粉红色，罕为白色。核果卵球形，外面密被短柔毛，腹缝明显；果肉多汁有香味；核大，椭圆形或近圆形，两侧扁平，顶端渐尖，表面具纵、横沟纹和孔穴。花期 3~4 月，果实成熟期因品种而异，通常为 8~9 月。广泛栽培的荒山绿化植物，现已成野生状态，分布于山地林缘。

山桃 *Prunus davidiana* shān táo

蔷薇科 李属

落叶乔木;高可达 10 m。树皮暗紫色,光滑。叶片卵状披针形,叶边具细锐锯齿;叶柄常具腺体。花先于叶开放;花瓣倒卵形或近圆形,粉红色,有时白色。果实近球形,淡黄色,外面密被短柔毛,果梗短而深入果洼;果肉薄而干,不可食,成熟时不开裂;核近球形,表面具纵、横沟纹和孔穴,与果肉分离。花期 3 月,果期 7 月。本种开花极早,生于山坡、山谷沟底或荒野疏林。

杏 *Prunus armeniaca* （杏花、杏树）xìng

蔷薇科 李属

落叶乔木；高5~12 m。叶片宽卵形或圆卵形，叶边有圆钝锯齿；叶柄基部常具1~6腺体。花单生，先于叶开放；花梗短或近无梗；花瓣圆形至倒卵形，白色或带红色。果实近球形，直径2.5 cm以上，白色、黄色至黄红色，常具红晕，微被短柔毛；果肉多汁；核卵形或椭圆形，两侧扁平，顶端圆钝，面稍粗糙或平滑，腹棱较圆，常稍钝，背棱较直，腹面具龙骨状棱。花期3~4月，果期6~7月。生于山地林中。

山杏 *Prunus sibirica* （西伯利亚杏）shān xìng

蔷薇科 李属

小乔木；高2~5 m。叶卵形或近圆形，先端长渐尖或尾尖，边缘有细钝锯齿。花单生，先于叶开放。花萼紫红色，萼筒钟形，萼片有时具锯齿，花后反折；花瓣近圆形或倒卵形，白或粉红色：雄蕊几与花瓣近等长。核果扁球形，熟时黄或橘红色，有时具红晕，被柔毛；果肉较薄而干燥，熟时沿腹缝开裂，味酸涩不可食；核扁球形，易与果肉分离，两侧扁，顶端圆，基部一侧偏斜，不对称，较平滑，腹面宽而锐利。种仁味苦。花期3~4月，果期6~7月。生于干旱阳坡、山沟石崖、丘陵、林下或灌丛中。

李 *Prunus salicina* lǐ

蔷薇科 李属

落叶乔木；高 9~12 m。叶片长圆倒卵形至长圆卵形，边缘有圆钝重锯齿，幼时齿尖带腺。花通常 3 朵并生；花梗 1~2 cm，通常无毛；花直径 1.5~2.2 cm；萼筒钟状；花瓣白色，长圆倒卵形，先端啮蚀状；雄蕊多数，花丝长短不等；雌蕊 1，柱头盘状。核果近球形，黄色或红色，有时为绿色或紫色，梗凹陷入，顶端微尖，基部有纵沟，外被蜡粉；核卵圆形或长圆形，有皱纹。花期 4 月，果期 7~8 月。栽培植物。

樱桃 *Prunus pseudocerasus* yīng táo

蔷薇科 李属

落叶乔木；高 2~6 m。小枝灰褐色，嫩枝绿色。叶片卵形或长圆状卵形，先端渐尖或尾状渐尖，边缘有尖锐重锯齿，齿端有小腺体；叶柄被疏柔毛，先端有 1 或 2 个大腺体；托叶早落，披针形，有羽裂腺齿。花序伞房状或近伞形，有花 3~6 朵，先叶开放；花 5 瓣，白色，卵圆形，先端下凹或 2 裂。核果近球形，红色，核近球形，白色。花期 3~4 月，果期 5~6 月。野生种较少，大多为栽培植物。

毛樱桃 *Prunus tomentosa* （野樱桃）máo yīng táo

蔷薇科 李属

落叶灌木；高达 3 m。小枝紫褐色或灰褐色，嫩枝密被茸毛到无毛。叶片卵状椭圆形或倒卵状椭圆形，边缘有锯齿，两面被柔毛。花单生或 2 朵簇生，花叶同开；花梗短或近无梗；花瓣白色或粉红色，倒卵形，先端圆钝。核果近球形，红色；核表面除棱脊两侧有纵沟外，无棱纹。花期 4~5 月，果期 6~9 月。生于山坡林中、林缘、灌丛中或草地。

欧李 *Prunus humilis* （钙果）ōu lǐ

蔷薇科 李属

落叶小灌木；高 1~1.5 m。小枝被短柔毛。叶倒卵状长圆形或倒卵状披针形，有锯齿，叶片中上部最宽。花单生或 2~3 朵簇生，花叶同放；花梗长 0.5~1 cm，被稀疏短柔毛；花瓣白或粉红色，长圆形或倒卵形，花柱与雄等长，无毛。核果近球形，熟时红或紫红色，径 1.5~1.8 cm；核除背部两侧外无棱纹。花果期 4~7 月。生于山地灌丛中。

山槐 *Albizia kalkora*（山合欢）shān huái

豆科 合欢属

落叶小乔木或灌木；高 3~8 m。枝条暗褐色，被短柔毛，有显著皮孔。叶痕明显；二回羽状复叶；羽片 2~4 对；小叶对生，5~14 对，长圆形或长圆状卵形，先端圆钝而有细尖头，基部不对称。头状花序；花初为白色，后变黄，具明显的小花梗；花萼管状；花冠中部以下连合呈管状，裂片披针形，花萼、花冠均密被长柔毛；雄蕊基部连合呈管状。荚果带状，深棕色。种子倒卵形。花期 5~6 月，果期 8~10 月。生于山坡灌丛、疏林中。

皂荚 *Gleditsia sinensis*（皂荚树、皂角）zào jiá

豆科 皂荚属

落叶乔木；高可达 30 m。刺粗壮，圆柱形，常分枝，多呈圆锥状。叶为一回羽状复叶，小叶 3~9 对，卵状披针形至长圆形，顶端具小尖头。花杂性，黄白色，组成总状花序；花序腋生或顶生，花瓣 4。荚果带状，长 12~37 cm，宽 2~4 cm，劲直或扭曲，果肉稍厚，两面膨起，果瓣革质，褐棕色或红褐色，常被白色粉霜。种子多颗，长圆形或椭圆形，棕色，光亮。花期 3~5 月，果期 5~12 月。栽培植物。

野皂荚 *Gleditsia microphylla* （短荚皂角、山皂角）yě zào jiá

豆科 皂荚属

灌木或小乔木，高达 4 m。刺不粗壮，长针形，有少数短小分枝。叶为一回或二回羽状复叶；小叶 5~12 对，薄革质，斜卵形至长椭圆形，叶脉不清晰。花绿白色，近无梗，簇生，组成穗状花序或顶生的圆锥花序。荚果扁薄，斜椭圆形或斜长圆形，长 3~6 cm，宽 1~2 cm，红棕色至深褐色，先端有纤细的短喙；种子 1~3 颗，扁卵形或长圆形，褐棕色，光滑。花期 6~7 月，果期 7~10 月。生于山坡阳处或路边。

槐 *Styphnolobium japonicum* （国槐）huái

豆科 槐属

落叶乔木；高达 25 m。小枝绿色。羽状复叶；小叶 4~7 对，对生或近互生，卵状披针形或卵状长圆形，具小尖头，下面灰白色。圆锥花序生于枝顶；花冠白色或淡黄色，旗瓣近圆形，具短柄，有紫色脉纹，先端微缺，基部浅心形，翼瓣卵状长圆形，先端浑圆，基部斜戟形，无皱褶，龙骨瓣阔卵状长圆形，与翼瓣等长。荚果串珠状。种子间缢缩不明显，成熟后不开裂。花期 7~8 月，果期 8~10 月。栽培植物。

毛掌叶锦鸡儿 *Caragana leveillei* máo zhǎng yè jǐn jī ér

豆科 锦鸡儿属

灌木；高约 1 m。树皮深褐色。假掌状复叶有 4 片小叶；托叶狭，具短刺尖，硬化成针刺；叶柄被灰白色毛；小叶楔状倒卵形，有刺尖，下面密被柔毛，叶脉明显。花梗单生，关节在下部；花萼基部具囊，表面被柔毛，萼齿三角状；花冠黄色或浅红色；子房密被长柔毛。荚果圆筒状，具短尖头，密被长柔毛。花果期 4~6 月。生于干燥的山坡。

（张海森摄）

红花锦鸡儿 *Caragana rosea*（黄枝条、金雀儿）hóng huā jǐn jī ér

豆科 锦鸡儿属

灌木；高 0.4~1 m。树皮绿褐色或灰褐色，小枝细长，具条棱，托叶在长枝者成细针刺，短枝者脱落。叶柄脱落或宿存成针刺；叶假掌状；小叶 4，楔状倒卵形，先端圆钝或微凹，具刺尖，基部楔形，近革质，无毛。花梗、花萼无毛；花萼管状常紫红色，萼齿三角形；花冠黄色，常紫红色或全部淡红色，凋时变为红色。荚果圆筒形，长 3~6 cm，具渐尖头，光滑无毛。花果期 4~6 月。生于山坡及沟谷。

黄檀 *Dalbergia hupeana* huáng tán

豆科 黄檀属

落叶乔木；高 10~20 m。树皮暗灰色，呈薄片状剥落，幼枝淡绿色。羽状复叶，小叶 3~5 对，近革质，椭圆形，先端微凹。圆锥花序顶生或生于最上部的叶腋间，疏被锈色短柔毛；花密集，花冠白色或淡紫色；二体雄蕊。荚果长圆形或阔舌状，果瓣薄革质。种子部分有网纹，肾形。花期 5~7 月，果期 8~10 月。生于山地林中、灌丛及山沟溪旁。

刺槐 *Robinia pseudoacacia*（洋槐、槐花）cì huái

豆科 刺槐属

落叶乔木；高 10~25 m。奇数羽状复叶；托叶刺状，对生；小叶 2~12 对，椭圆形先端微凹，具小尖头，全缘。总状花序腋生，下垂，花芳香；花萼斜钟状，萼齿 5；花冠白色，旗瓣内有黄斑，雄蕊二体。荚果褐色，或具红褐色斑纹，线状长圆形，扁平，先端上弯，具尖头，沿腹缝线具狭翅。种子褐色至黑褐色，微具光泽，近肾形。花期 4~6 月，果期 8~9 月。原产美洲，18 世纪末由欧洲引入青岛栽培，现为鲁中山区常见树种。

花木蓝 *Indigofera kirilowii*（吉氏木蓝、山扫帚）huā mù lán

豆科 木蓝属

落叶小灌木；高 30~100 cm。奇数羽状复叶，互生；小叶 3~5 对，对生，阔卵形，先端具小尖头，上面绿色，下面粉绿色，两面散生白色“丁”字形毛。总状花序比叶短；花冠淡红色，花瓣近等长。荚果棕褐色，圆柱形，无毛，内果皮有紫色斑点，有种子 10 余粒；果梗平展。种子赤褐色，长圆形。花期 5~7 月，果期 8 月。生于山坡灌丛、疏林或岩缝中。

河北木蓝 *Indigofera bungeana*（本氏木蓝）hé běi mù lán

豆科 木蓝属

直立灌木；高 40~100 cm。茎褐色，有皮孔，枝银灰色，被灰白色“丁”字形毛。羽状复叶，互生；小叶 2~4 对，对生，椭圆形。总状花序腋生，直立，稍疏生；花冠紫色或紫红色，外面被“丁”字形毛。荚果褐色，线状圆柱形，被白色“丁”字形毛，种子间有横隔，内果皮有紫红色斑点。种子椭圆形。花期 5~8 月，果期 8~10 月。生于山坡、草地或河滩地。

笐子梢 *Campylotropis macrocarpa*（杭子梢）háng zǐ shāo

豆科 笐子梢属

灌木；高 1~3 m。羽状复叶具 3 小叶；小叶椭圆形或宽椭圆形，具小凸尖，下面具柔毛。总状花序腋生或顶生，花序轴密生柔毛；花萼钟形，稍浅裂，通常贴生短柔毛；花冠紫红色。荚果长圆形，先端具短喙尖，具网脉，边缘生纤毛。花果期 6~10 月。生于山坡、灌丛、林缘、山谷沟边及林中。

胡枝子 *Lespedeza bicolor*（萩、二色胡枝子）hú zhī zǐ

豆科 胡枝子属

落叶灌木；高可达 3 m。多分枝，小枝黄色或暗褐色，有条棱。羽状复叶具 3 小叶；小叶卵形至卵状长圆形，具短刺尖，全缘，较薄，有时边缘呈波状。总状花序腋生，比叶长；花萼 5 浅裂；花冠红紫色。荚果斜倒卵形，稍扁，表面具网纹，密被短柔毛。花期 7~9 月，果期 9~10 月。生于山坡、林缘、路旁、灌丛及杂木林间。

兴安胡枝子 *Lespedeza davurica* （达呼里胡枝子）xīng ān hú zhī zǐ

豆科 胡枝子属

落叶小灌木；高达 1 m。羽状复叶具 3 小叶；小叶长圆形或狭长圆形，先端圆形或微凹，有小刺尖，下面被贴伏的短柔毛；顶生小叶较大。总状花序腋生，较叶短或与叶等长；花萼 5 深裂，外面被白毛；花冠白色或黄白色，中央稍带紫色。荚果小，倒卵形或长倒卵形，先端有刺尖，两面凸起，有毛，包于宿存花萼内。花期 7~8 月，果期 9~10 月。生于干山坡、草地、路旁及沙质地上。

绒毛胡枝子 *Lespedeza tomentosa* （山豆花）róng máo hú zhī zǐ

豆科 胡枝子属

落叶灌木；高达 1 m。全株密被黄褐色茸毛。羽状复叶具 3 小叶；小叶质厚，椭圆形或卵状长圆形，先端钝或微心形，边缘稍反卷。总状花序顶生或于茎上部腋生；花萼密被毛长约 6 mm，5 深裂；花冠黄色或黄白色。荚果倒卵形，先端有短尖，表面密被毛。花期 7~9 月，果期 8~10 月。生于山坡草地及灌丛间。

多花胡枝子 *Lespedeza floribunda* （四川胡枝子）duō huā hú zhī zǐ

豆科 胡枝子属

落叶小灌木；高 30~100 cm。羽状复叶具 3 小叶；小叶具柄，倒卵形至长圆形，先端微凹、钝圆或近截形，具小刺尖，上面被疏伏毛，下面密被白色伏柔毛；侧生小叶较小。总状花序腋生；总花梗细长，显著超出叶；花多数；花冠紫红色。荚果宽卵形，超出宿存萼，密被柔毛，有网状脉。花期 6~9 月，果期 9~10 月。生于石质山坡、灌草丛中。

阴山胡枝子 *Lespedeza inschanica* （白指甲花）yīn shān hú zhī zǐ

豆科 胡枝子属

落叶灌木；高达 80 cm。羽状复叶具 3 小叶；小叶长圆形或倒卵状长圆形，上面近无毛，下面密被伏毛，顶生小叶较大。总状花序腋生，与叶近等；花冠白色，旗瓣基部带大紫斑，花期反卷，龙骨瓣先端带紫色。荚果倒卵形，密被伏毛，短于宿存萼。花果期 8~10 月。生于干旱砂石山坡。

长叶胡枝子 *Lespedeza caraganae*（长叶铁扫帚）cháng yè hú zhī zǐ 豆科 胡枝子属

落叶灌木；高约 50 cm。茎直立，多棱，沿棱被短伏毛。托叶钻形；叶柄短，被短伏毛；羽状复叶具 3 小叶；小叶窄条形，狭长，先端具小刺尖。总状花序腋生，具 3~5 朵花；花梗密生白色伏毛，基部具 3~4 枚苞片；小苞片狭卵形，先端锐尖，密被伏毛；花萼狭钟形，外密被伏毛；花冠显著超出花萼，白色或黄色，旗瓣基部带紫斑。荚果长圆状卵形，疏被白色伏毛，先端具喙，疏被白色伏毛。花果期 6~10 月。生于山坡及灌草丛。

细梗胡枝子 *Lespedeza virgata* xì gěng hú zhī zǐ 豆科 胡枝子属

小灌木；高 25~50 cm。枝较细，被白色伏毛。羽状复叶具 3 小叶；小叶椭圆形至卵状长圆形，边缘稍反卷，上面无毛，下面密被伏毛；叶柄长 1~2 cm，被白色伏柔毛。总状花序腋生，通常具 3 朵稀疏的花；总花梗纤细，毛发状，显著超出叶；花萼狭钟形，蝶形花白色，基部有紫斑。花果期 7~10 月。生于石质山坡、灌丛。

（李春喜摄）

紫穗槐 *Amorpha fruticosa* （棉槐）zǐ suì huái

豆科 紫穗槐属

落叶灌木；高 1~4 m。枝丛生。叶互生，奇数羽状复叶，有小叶 11~25 片；小叶卵形或椭圆形，先端有一短而弯曲的尖刺，下面有白色短柔毛，具黑色腺点。穗状花序常 1 至数个顶生和枝端腋生，密被短柔毛；旗瓣心形，紫色，无翼瓣和龙骨瓣。荚果下垂，微弯曲，表面有凸起的疣状腺点。花果期 5~10 月。原产美洲，现多为野生状态。

牛奶子 *Elaeagnus umbellata* （甜枣）niú nǎi zǐ

胡颓子科 胡颓子属

落叶灌木；高 1~4 m。枝具刺；幼枝密被银白色鳞片。叶椭圆形至卵状椭圆形，全缘或皱卷至波状，上面绿色，下面银白色；叶柄白色，花黄白色，芳香，密被银白色鳞片，常簇生于新枝基部。花萼 4 裂，圆筒状漏斗形，裂片卵状三角形。果实球形，成熟时红色，具银白色斑点。花期 5~6 月，果期 8~9 月。生于向阳的林缘、灌丛、荒坡和沟边。

芫花 *Daphne genkwa*（药鱼草）yuán huā

瑞香科 瑞香属

落叶灌木；高 0.3~1 m。多分枝。叶卵形至椭圆状长圆形，全缘，上面绿色，下面淡绿色，幼时密被绢状黄色柔毛，老时则仅叶脉基部散生绢状黄色柔毛，侧脉在下面显著；叶柄短或几无。花先叶开放，紫色或淡紫蓝色，常 3~6 朵簇生于叶腋或侧生，花梗短，具灰黄色柔毛；花萼筒细瘦，筒状，外面具丝状柔毛，裂片 4，卵形或长圆形；花丝短，花药黄色，伸出喉部。果实肉质，白色，椭圆形。花果期 4~7 月。生于山地、林缘及沟谷。

卫矛 *Euonymus alatus*（鬼见羽、鬼箭羽）wèi máo

卫矛科 卫矛属

落叶灌木；高 1~3 m。小枝四棱形，常具 2~4 列宽阔木栓翅。叶卵状椭圆形，对生，边缘具细锯齿。聚伞花序有 3~9 花；花白绿色，4 数；花瓣近圆形；雄蕊着生花盘边缘处，花丝极短。蒴果 1~4 深裂，裂瓣长卵形。种皮褐色，假种皮橙红色，全包种子。花期 5~6 月，果期 8~10 月。生于山坡、沟地边。

白杜 *Euonymus maackii*（丝绵木、桃叶卫矛、华北卫矛）bái dù

卫矛科 卫矛属

落叶小乔木；高达 6 m。小枝四棱形，绿色。叶交互对生，卵形至宽披针形，边缘具细锯齿。聚伞花序生于叶腋；花 4 数，淡白绿色或黄绿色，花盘肥大。蒴果 4 浅裂，成熟后果皮粉红色。种子长椭圆状，种皮棕黄色，假种皮橙红色，全包种子。花期 5~6 月，果期 9~10 月。生于山地林缘、山坡、路旁。

扶芳藤 *Euonymus fortunei* fú fāng téng

卫矛科 卫矛属

常绿藤本灌木；高 1 m 以上。枝条上生根。叶对生，薄革质，椭圆形或长倒卵形，边缘齿浅不明显。聚伞花序 3~4 次分枝；花白绿色，4 数。蒴果粉红色，果皮光滑，近球状。种子长椭圆状，棕褐色，假种皮鲜红色，全包种子。花期 6 月，果期 10 月。栽培植物，有时逸为野生。

垂丝卫矛 *Euonymus oxyphyllus* chuí sī wèi máo

卫矛科 卫矛属

落叶灌木；高 1~8 m。枝不具木栓翅。叶卵圆形或椭圆形，边缘有细密锯齿。聚伞花序宽疏；花序梗细长，顶端 3~5 分枝，每分枝具一个三出小聚伞；花淡绿色，5 数；花瓣近圆形；花盘圆，5 浅裂；雄蕊花丝极短；子房圆锥状，顶端渐窄成柱状花柱。蒴果近球状，无翅；果序梗细长下垂。花期 4~6 月，果期 8~11 月。多生于低山坡杂木林内。

白木乌桕 *Neoshirakia japonica* bái mù wū jiù

大戟科 白木乌桕属

灌木或乔木，高 1~8 m；枝平滑无毛，带灰褐色。叶纸质，互生，叶卵形或椭圆形，全缘，背面叶脉上散生腺体；叶柄呈狭翅状。花单性，雌雄同株，总状花序顶生，雌花数朵生于花序轴基部，雄花数朵生于花序轴上部，有时整个花序全为雄花。蒴果三棱状球形。种子扁球形。花期 5~6 月；果期 7~10 月。生于林中湿润处或溪涧边。

雀儿舌头 *Leptopus chinensis* （脆枝子）què ér shé tóu

大戟科　雀舌木属

落叶灌木；高达 3 m。枝条、叶片、叶柄和萼片均在幼时被短柔毛。叶卵形，叶面深绿色，叶背浅绿色。花单性，雌雄同株，单生或 2~4 朵簇生于叶腋；萼片、花瓣和雄蕊均为 5；雄花花瓣白色，腺体 5，雄蕊离生；雌花花瓣倒卵形，较小，子房 3 室，花柱 3。蒴果圆球形或扁球形，下垂，萼片宿存。花期 3~7 月，果期 7~9 月。生于山地灌丛、林缘、路旁、岩崖或石缝中。

叶底珠 *Flueggea suffruticosa* （一叶萩）yè dǐ zhū

叶下珠科　白饭树属

灌木；高达 3 m。多分枝，小枝浅绿色。叶互生，椭圆形或长椭圆形，全缘或间有不整齐的波状齿或细锯齿；托叶卵状披针形，宿存。花小，雌雄异株，簇生于叶腋。蒴果三棱状扁球形，成熟时淡红褐色，有网纹，3 爿裂；基部常有宿存的萼片。种子卵形而一侧扁压状，褐色；有小疣状凸起。花期 3~8 月，果期 6~11 月。生于山坡灌丛中、山沟或路边。

小叶鼠李 *Rhamnus parvifolia* xiǎo yè shǔ lǐ

鼠李科 鼠李属

落叶灌木；高 1.5~2 m。小枝对生或近对生，紫褐色，枝端及分叉处有针刺。叶对生或近对生，稀兼互生，或在短枝上簇生，菱状倒卵形或菱状椭圆形，边缘具细圆齿。花单性，雌雄异株，黄绿色，4 基数，有花瓣，通常数个簇生于短枝上。核果倒卵状球形，成熟时黑色，具 2 分核；种子矩圆状倒卵圆形。花期 4~5 月，果期 6~9 月。常生于沟谷两侧或林缘。

卵叶鼠李 *Rhamnus bungeana*（护山棘）luǎn yè shǔ lǐ

鼠李科 鼠李属

落叶小灌木；高达 2 m。小枝对生或近对生，灰褐色，枝端具紫红色针刺。叶对生或近对生，或在短枝上簇生，卵形或卵状椭圆形，边缘具细圆齿。花小，黄绿色，单性，雌雄异株，通常 2~3 个在短枝上簇生或单生于叶腋；花瓣小。核果倒卵状球形，具 2 分核，成熟时紫色或黑紫色。种子卵圆形。花期 4~5 月，果期 6~9 月。常生于海拔 1800 m 以下的山坡阳处或灌丛。

锐齿鼠李 *Rhamnus arguta* （牛李子）ruì chǐ shǔ lǐ

鼠李科 鼠李属

落叶灌木或小乔木；高 2~3 m。小枝对生或近对生，暗紫色或紫红色，光滑无毛，枝端有时具针刺。叶在短枝上簇生，卵状心形或卵圆形，边缘具密锐锯齿，叶柄带红色或红紫色，上面有小沟。花单性，雌雄异株，花瓣 4；雄花 10~20 个簇生于短枝顶端或长枝下部叶腋；雌花数个簇生于叶腋，花梗长达 2 cm。核果球形或倒卵状球形，成熟时黑色；果梗长 1.3~2.3 cm。花期 4~5 月，果期 5~9 月。常生于山坡灌丛。

酸枣 *Ziziphus jujuba* var. *spinosa* （酸枣树）suān zǎo

鼠李科 鼠李属

常为落叶灌木；高 5 m 多。小枝紫红色或灰褐色，呈“之”字形曲折，具 2 个托叶刺，长刺粗直，短刺下弯。当年生小枝绿色；叶互生，卵形，边缘具圆齿状锯齿，基生三出脉。花黄绿色，两性，单生或密集成腋生聚伞花序；花瓣倒卵圆形。核果小，近球形或短矩圆形，具薄的中果皮，味酸，核两端钝。花期 6~7 月，果期 8~9 月。常生于向阳、干燥山坡、丘陵、岗地或平原。

元宝槭 *Acer truncatum*（元宝枫、华北五角枫）yuán bǎo qì

无患子科 槭属

落叶乔木；高 8~10 m。叶对生，掌状 5 裂，基部截形稀近于心脏形；裂片三角卵形，有时中央裂片的上段再 3 裂；主脉 5 条，在上面显著。花黄绿色，杂性，雄花与两性花同株，伞房花序；萼片 5，黄绿色，长圆形；花瓣 5，淡黄色或淡白色，长圆倒卵形。双翅果成熟时淡黄色；小坚果压扁状；翅长圆形，常与小坚果等长，张开成锐角或钝角。花期 4 月，果期 8 月。生于海拔 400~1000 m 的疏林中。

栾 *Koelreuteria paniculata*（灯笼树、大夫树、栾树）luán

无患子科 栾树属

落叶乔木；高达 10 m。叶一回、不完全二回或偶有为二回羽状复叶，卵形或卵状披针形，边缘有不规则的钝锯齿。大型圆锥花序顶生；花淡黄色，中央红色，萼片 5，花瓣 4，开花后向外反折。蒴果具 3 棱，顶端渐尖，果瓣卵形，外面有网纹，内面平滑且略有光泽。种子近球形，黑色。花期 6~8 月，果期 9~10 月。生于山坡林缘、沟谷两侧。

全缘叶栾树 *Koelreuteria bipinnata* var. *integrifoliola* quán yuán yè luán shù 无患子科 栾树属

落叶乔木；高可达 20 m 以上。皮孔圆形至椭圆形；枝具小疣点。叶平展，二回羽状复叶，多互生；小叶斜卵形，通常全缘，有时一侧近顶部边缘有锯齿。大型圆锥花序顶生，分枝广展，与花梗同被短柔毛；萼片 5 裂，有短而硬的缘毛及流苏状腺体，边缘呈啮蚀状；花瓣 4，长圆状披针形。蒴果椭圆形，具 3 棱，淡紫红色；果瓣椭圆形至近圆形，外面具网状脉纹，内面有光泽。种子近球形。花期 7~9 月，果期 8~10 月。栽培植物，有时逸为野生。

毛黄栌 *Cotinus coggygria* var. *pubescens*（柔毛黄栌）máo huáng lú 漆树科 黄栌属

落叶灌木；高 3~5 m。叶阔椭圆形，稀圆形，全缘，叶背、尤其沿脉上和叶柄密被柔毛，揉搓后有强烈的特殊气味。圆锥花序被柔毛；花杂性，黄绿色，花瓣卵形或卵状披针形；雄蕊 5，花盘 5 裂，紫褐色；子房近球形，花柱 3，分离，不等长，花期后不育花的花梗生红色长柔毛。果肾形，无毛。花期 4~5 月，果期 6~7 月。生于向阳山坡林中或岩壁上。

黄连木 *Pistacia chinensis*（楷木、黄连树）huáng lián mù

漆树科 黄连木属

落叶乔木；高达20 m以上。老树皮暗褐色，呈鳞片状剥落。偶数羽状复叶互生，有小叶5~6对；小叶披针形，全缘，揉碎后有特殊气味，味极苦，秋叶变红。花单性异株，先花后叶，圆锥花序腋生，雄花序排列紧密，雌花序排列疏松，均被微柔毛；花小，无花瓣。核果倒卵状球形，略压扁，成熟时紫红色，干后具纵向细条纹。花果期3~10月。生于山地林中。

火炬树 *Rhus typhina* huǒ jù shù

漆树科 盐肤木属

落叶灌木或小乔木；高4~8 m。具乳汁，枝叶均密生茸毛；小枝粗壮，红褐色。奇数羽状复叶，互生，小叶19~23，长椭圆状披针形，边缘有锐锯齿。圆锥花序直立，密生茸毛；花白色。核果深红色，密被红色短刺毛，密集成火炬形，果实经冬不落。花期5~6月，果期8~10月。原产北美洲，现多为野生状态。

花叶火炬树 *Rhus typhina f. laciniata*（裂叶火炬树）huā yè huǒ jù shù　漆树科 盐肤木属

本种为火炬树的一个变型，小叶羽状深裂至全裂。在引种栽培火炬树的地区常有花叶火炬树混杂其中。

臭椿 *Ailanthus altissima*（樗、椿树）chòu chūn　苦木科 臭椿属

落叶乔木；高可达 20 m。一年生枝，红棕色，叶痕较大。奇数羽状复叶具小叶 13~27；小叶卵状披针形，两侧各具 1 或 2 个粗锯齿，齿背有腺体 1 个；叶片揉碎后具臭味。大型圆锥花序，花杂性；花淡黄绿色。翅果长椭圆形。种子位于翅的中间，扁圆形。花期 4~5 月，果期 9~10 月。生于村边路旁、山地林缘及沟谷。

苦木 *Picrasma quassioides*（苦树）kǔ mù

苦木科 苦木属

落叶乔木；高达 10 m 以上。树皮紫褐色，平滑，有灰色斑纹，全株有苦味。奇数羽状复叶，互生；小叶长卵状披针形或广卵形，对生，边缘有锯齿。花雌雄异株，聚伞花序；花黄绿色。核果成熟后蓝绿色，倒卵形，3~4 个并生。花期 4~5 月，果期 6~8 月。生于山地杂木林中或沟谷两侧。

香椿 *Toona sinensis*（椿芽、香椿树、香铃子）xiāng chūn

楝科 香椿属

落叶乔木；高达 25 m。偶数羽状复叶，对生或互生，纸质，卵状披针形或卵状长椭圆形，边全缘或有疏离的小锯齿，叶片揉搓有香味。圆锥花序枝顶，下垂，多花；花瓣 5，白色。蒴果狭椭圆形，成熟时 5 裂，果瓣薄，稍反卷。种子上端具长翅。花期 5~6 月，果期 9~10 月。生于山地杂木林或疏林中，大多为栽培状态，有时逸为野生。

楝 *Melia azedarach*（楝树、苦楝）liàn

楝科 楝属

落叶乔木；高达 10 m 多。二至三回奇数羽状复叶；小叶对生，卵形至披针形，边缘有钝锯齿。圆锥花序，花芳香；花瓣淡紫色，倒卵状匙形；雄蕊合生成管状，紫色。核果球形，成熟时淡黄色；种子椭圆形。花期 4~5 月，果期 8~10 月。生于路旁或疏林中，多为引种栽培植物。

花椒 *Zanthoxylum bungeanum* huā jiāo

芸香科 花椒属

落叶小乔木；高 3~7 m。枝有短刺，小枝上的刺宽扁，呈三角形。奇数羽状复叶，叶轴常有窄翅且背面有小弯刺；小叶对生，近卵形，叶缘有细裂齿，齿缝有油点。花序生于枝顶，雌雄异花；花被黄绿色。果紫红色，果瓣散生微凸起的油点。种子圆形，黑色有光泽。花期4~5月，果期8~9月。多为栽培植物，有时逸为野生。

臭檀吴萸 *Tetradium daniellii*（臭檀）chòu tán wú yú

漆树科 盐肤木属

落叶乔木；高达 15 m。树干密被皮孔。奇数羽状复叶交互对生；小叶 5~9 片，披针形或卵状椭圆形，散生油点，叶缘有锯齿。圆锥状聚伞花序，雌雄同株异花，花序轴密被短毛。果序圆锥形；分果瓣紫红色，顶端有芒尖，每分果瓣有 2 种子。种子褐黑色，有光泽，种脐线状，纵贯种子的腹面。花期 6~7 月，果期 9~10 月。生于山地林中、灌丛或岩石旁。

刺楸 *Kalopanax septemlobus* cì qiū

五加科 刺楸属

落叶乔木；高达 30 m。树皮暗灰棕色，小枝淡黄棕色或灰棕色，散生粗刺；刺基部宽阔扁平。叶片掌状 5~7 浅裂，放射状主脉 5~7 条，两面均明显；叶柄细长，无毛。大型圆锥状花序，有花多数；小花序球形；花白色或淡绿黄色；萼无毛，边缘有 5 小齿；花瓣 5，三角状卵形。果实球形，熟时蓝黑色，花柱宿存。花期 7~8 月，果期 9~10 月。生于山地林中。

毛梾 *Cornus walteri* （车梁木）máo lái

山茱萸科 山茱萸属

落叶乔木；高 6~15 m。幼枝对生。叶对生，椭圆形，全缘或略成波状，叶脉弧形，在上面稍明显，下面凸起。伞房状聚伞花序顶生；花密集，白色，有香味；花萼裂片 4，绿色，齿状三角形；花瓣 4，长圆状披针形。核果球形，成熟时黑色；核骨质，扁圆球形，有不明显的肋纹。花期 5 月，果期 9 月。生于杂木林或密林下，常作为绿化栽培树种。

山茱萸 *Cornus officinalis* shān zhū yú

山茱萸科 山茱萸属

落叶乔木或灌木；高 4~10 m。树皮常成不规则片状脱落。叶对生，卵状椭圆形，全缘，叶脉弧形，脉腋密生淡褐色丛毛。伞形花序生于枝侧，总苞片 4，卵形，带紫色，开花后脱落；花小，两性，先叶开放；花萼裂片 4；花瓣 4，黄色，向外反卷。核果长椭圆形，成熟时红色至紫红色。花期 3~4 月，果期 9~10 月。生于山地林缘或林中，常作为绿化栽培树种。

照山白 *Rhododendron micranthum* （万斤、万经棵）zhào shān bái 杜鹃花科 杜鹃花属

常绿灌木；高可达 2.5 m。茎灰棕褐色，光滑；枝条细瘦；幼枝被鳞片及细柔毛。叶近革质，倒披针形、长圆状椭圆形至披针形，具小突尖，上面深绿色，有光泽，常被疏鳞片，下面黄绿色，被淡或深棕色有宽边的鳞片。花冠钟状，乳白色，外面被鳞片，内面无毛，花裂片 5，较花管稍长。蒴果长圆形，被疏鳞片；成熟时 5 瓣裂。花期 5~6 月，果期 8~11 月。生于林缘、山坡灌丛、山谷、峭壁及岩石上。

君迁子 *Diospyros lotus* （黑枣、软枣）jūn qiān zǐ 柿树科 柿属

落叶乔木；高可达 30 m。树皮灰黑色或灰褐色，深裂或不规则的厚块状剥落。叶互生，椭圆形至长椭圆形，全缘。花单性或杂性异株；花萼钟形，常 4 裂，裂片卵形；花冠壶形，带红色或淡黄色，4 裂，裂片近圆形，边缘有睫毛；雄花雌蕊退化，1~3 朵腋生，簇生；雌花单生，具退化雄蕊。浆果近球形或椭圆形，初熟时为淡黄色，后则变为蓝黑色，常被有白色薄蜡层，熟透时可食。花期 4~5 月，果期 9~10 月。生于山地、山坡、山谷的灌丛或林缘。

柿 *Diospyros kaki* （柿子）shi

柿树科 柿属

落叶大乔木；高达 15 m。树皮深灰色至灰黑色，裂成长方块状。叶互生，卵状椭圆形至倒卵形，通常较大，老叶上面有光泽，深绿色。花单性或杂性异株；花序腋生，为聚伞花序；雄花序小，通常有花 3 朵；雄花小；花萼钟状，深 4 裂，裂片卵形；花冠钟状，黄白色，4 裂；雌花单生叶腋，花萼绿色，深 4 裂，萼管近球状钟形，花冠淡黄白色或黄白色而带紫红色。果球形、扁球形、卵形等，嫩时绿色，熟时橙黄色或橙红色，果肉柔软多汁。花期 5~6 月，果期 9~10 月。多为栽培植物，有时逸为野生。

花曲柳 *Fraxinus chinensis* subsp. *rhynchophylla* （大叶白蜡）huā qū liǔ

木犀科 梣属

落叶乔木；高 12~15 m。羽状复叶对生；叶柄基部膨大；叶轴上面具浅沟，小叶着生处具关节，关节上有时簇生棕色曲柔毛；小叶 5~7 枚，革质，卵状披针形，叶缘呈不规则粗锯齿，背面主脉上常有棕色柔毛。圆锥花序顶生或腋生于当年生枝梢；花序梗细而扁；雄花与两性花异株。翅果狭倒披针形。花期 4~5 月，果期 9~10 月。生于山坡、沟谷、河岸、路旁。

连翘 *Forsythia suspensa*（挂拉鞭）lián qiáo

木犀科 连翘属

落叶灌木；高可达 3 m。小枝土黄色或灰褐色，略呈四棱形，疏生皮孔，节间中空。叶对生，通常为单叶，或 3 裂至三出复叶，叶片卵形，叶缘除基部外具锯齿。花通常单生或 2 至数朵着生于叶腋，先于叶开放；花萼绿色；花冠黄色，裂片 4。蒴果卵球形，表面疏生皮孔，成熟时 2 裂。花期 3~4 月，果期 7~9 月。生于山坡灌丛、林下、山谷或山沟疏林中。

白棠子树 *Callicarpa dichotoma* bái táng zǐ shù

马鞭草科 紫珠属

落叶灌木；高达 3 m。多分枝，小枝纤细，幼嫩部分有星状毛。叶倒卵形或披针形，边缘仅上半部具数个粗锯齿，背面密生细小黄色腺点。聚伞花序在叶腋的上方着生，细弱，2~3 次分歧，苞片线形；花萼杯状，无毛，顶端有不明显的 4 齿或近截头状；花冠紫色；花丝长约为花冠的 2 倍。果实球形，紫色。花期 5~6 月，果期 7~11 月。生于低山丘陵灌丛。

海州常山 *Clerodendrum trichotomum* （臭梧桐）hǎi zhōu cháng shān 马鞭草科 大青属

落叶灌木或小乔木；高 1.5~10 m。叶片三角状卵形，幼时两面被白色短柔毛，老时表面光滑，全缘或有时具波状齿。伞房状聚伞花序顶生或腋生；花萼蕾时绿白色，后紫红色；花香，花冠白色或带粉红色，花冠管细，顶端 5 裂，雌雄蕊伸出花冠。核果近球形，包藏宿萼内，熟时蓝紫色。花果期 6~11 月。生于山坡灌丛中，现多为观赏栽培。

臭牡丹 *Clerodendrum bungei* chòu mǔ dān 马鞭草科 大青属

落叶灌木；高 1~2 m；植株有臭味。花序轴、叶柄密被柔毛；小枝近圆形，皮孔显著；叶片宽卵形，边缘具锯齿。伞房状聚伞花序顶生，密集；苞片叶状，披针形或卵状披针形；花萼钟状，被短柔毛及少数盘状腺体，萼齿三角形；花冠淡红色、红色或紫红色；雄蕊及花柱均突出花冠外。核果近球形，熟时蓝黑色。花果期 5~11 月。多为栽培植物，少数逸为野生。

荆条 *Vitex negundo* var. *heterophylla*（荆棵、黄荆条）jīng tiáo

唇形科 牡荆属

灌木；高可达 5 m。小枝四棱形。掌状复叶，小叶 5，少有 3。小叶片长圆状披针形至披针形，边缘有缺刻状锯齿，背面密生灰白色茸毛；中间小叶最大，两侧小叶依次递小。圆锥花序顶生；花萼钟状；花冠淡紫色、白色，顶端 5 裂，二唇形。核果近球形，宿萼接近果实的长度。花期 5~8 月，果期 9~10 月。生于山坡路旁或灌木丛中。

黄荆 *Vitex negundo* huáng jīng

唇形科 牡荆属

本种与荆条相似，与荆条的主要区别为小叶全缘或有少数浅锯齿。

毛泡桐 *Paulownia tomentosa* （梧桐）máo pāo tóng

玄参科 泡桐属

落叶乔木；高达 20 m。叶片心形，全缘或波状浅裂，两面被柔毛；叶柄常有黏质短腺毛。聚伞花序具花 3~5 朵，组成金字塔形或狭圆锥形花序；花萼浅钟形，外面茸毛不脱落，分裂至中部及以下，萼齿卵状长圆形；花冠紫色，漏斗状钟形，外面有腺毛，内面几无毛，檐部二唇形。蒴果卵圆形，幼时密生黏质腺毛，宿萼不反卷。种子具翅。花期 4~5 月，果期 8~9 月。通常为栽培状态，分生能力强，有时逸为野生。

梓 *Catalpa ovata* （梓树）zǐ

玄参科 梓属

落叶乔木；高达 15 m。叶对生或近于对生，有时轮生，阔卵形，长宽近相等，全缘或浅波状，常 3 浅裂，叶片上面及下面均粗糙。顶生圆锥花序；花序梗微被疏毛；花萼蕾时圆球形，2 唇开裂；花冠钟状，淡黄色，内面具 2 黄色条纹及紫色斑点。蒴果线形，下垂。种子长椭圆形，两端具平展的长毛。花期 5~6 月，果期 8~10 月。生于山地林缘、林下和沟谷。

日本白檀 *Symplocos paniculata*（乌子树）rì běn bái tán

山矾科 山矾属

落叶灌木或小乔木；嫩枝有灰白色柔毛，老枝无毛。叶膜质或薄纸质，阔倒卵形、椭圆状倒卵形或卵形，边缘有细尖锯齿，叶背通常有柔毛或仅脉上有柔毛。圆锥花序通常有柔毛；花冠白色；雄蕊多数。核果熟时蓝色，卵状球形，稍偏斜，长 5~8 mm。花期 4~5 月，果期 8~10 月。生于海拔 760~2500 m 的山坡、路边、疏林或密林中。

鸡树条 *Viburnum opulus* subsp. *calvescens*（天目琼花）jī shù tiáo

荚蒾科 荚蒾属

落叶灌木，高达 1.5~4 m；小枝有明显皮孔。叶轮廓圆卵形，通常 3 裂，具掌状三出脉，裂片顶端渐尖，边缘具不整齐粗牙齿，侧裂片略向外开展；叶柄粗壮，无毛，有 2 枚至多枚明显的长盘形腺体。复伞形式聚伞花序外围有大型的不孕花；花冠白色，辐状，裂片近圆形；大小稍不等，内被长柔毛；花药紫红色。果实红色，近圆形；核扁，近圆形。花期 5~6 月，果熟期 9~10 月。生于溪谷边疏林下或灌丛中。

第三章

藤本植物

马兜铃 *Aristolochia debilis* （兜铃根、独行根）mǎ dōu líng

马兜铃科 马兜铃属

多年生草质藤本。叶长心形。花单生或2朵聚生于叶腋；花被喇叭状，基部膨大呈球形，黄绿色，口部有紫斑，外面无毛，内面有腺体状毛；檐部一侧极短，另一侧渐延伸成舌片。蒴果近球形，成熟时6瓣开裂；果梗常撕裂成6条。种子扁平，钝三角形，边缘具白色膜质宽翅。花期5~8月，果期9~10月。生于石灰岩的山谷、沟边、路旁阴湿处及山坡灌丛中。

北马兜铃 *Aristolochia contorta* （臭瓜篓）běi mǎ dōu líng

马兜铃科 马兜铃属

多年生草质藤本。叶三角状心形；基出脉5~7条。花被喇叭状，基部膨大呈球形，黄绿色，口部无紫斑，外面无毛，内面有腺体状毛；檐部一侧极短，另一侧渐延伸成舌片状尾尖。蒴果宽倒卵形或椭圆状倒卵形，6棱，成熟时黄绿色，由基部向上6瓣开裂。种子三角状心形，具膜质翅。花期5~7月，果期8~10月。生于山坡灌丛、沟谷两旁以及林缘。

毛果扬子铁线莲 *Clematis puberula* var. *tenuisepala*（丝柄短尾铁线莲）

máo guǒ yáng zǐ tiě xiàn lián

毛茛科 铁线莲属

木质藤本；枝有棱。一至三回羽状复叶，基部二对常为3小叶或2~3裂，茎上部有时为三出叶；小叶片长卵形，边缘有粗锯齿或为全缘。聚伞花序腋生或顶生；萼片4，开展，白色，狭倒卵形或长椭圆形。瘦果常为扁卵圆形，被柔毛。花期7~9月，果期9~10月。生于山地林缘、灌草丛中。

太行铁线莲 *Clematis kirilowii*（黑老婆秧）tài háng tiě xiàn lián

毛茛科 铁线莲属

木质藤本。叶对生，一至二回羽状复叶，基部一对小叶常2~3深裂或全裂至3小叶，中间一对常2~3浅裂至深裂；小叶片或裂片革质，卵形至卵圆形，或长圆形，全缘。聚伞花序有花3至多花，腋生或顶生；萼片4~6，开展，白色，倒卵状长圆形。瘦果卵形至椭圆形，扁，有柔毛，花柱宿存。花期6~8月，果期8~9月。生于山地林缘、灌草丛中。

蝙蝠葛 *Menispermum dauricum* （山豆根）biān fú gé

防己科 蝙蝠葛属

草质藤本；茎缠绕。叶互生，心状扁圆形，边缘有 3~9 角或 3~9 裂，下面有白粉；掌状脉；叶片盾状着生；雌雄异株。圆锥花序单生或有时双生，花数朵至 20 余朵；雄花萼片 4~8，绿黄色；雌花近白色。核果紫黑色；果核新月形。花期 6~7 月，果期 8~11 月。生于沟谷、路旁或灌丛。

木防己 *Cocculus orbiculatus* （山豆根）mù fáng jǐ

防己科 木防己属

木质藤本。茎、叶柄、叶片、花序梗具柔毛；叶宽卵形，全缘或 3~5 浅裂，多不平整。聚伞花序顶生或腋生；花单性，雌雄异株，花瓣先端 2 裂。核果熟时蓝黑色，近球形。花期 5~8 月，果期 8~10 月。生于山地林缘、灌丛中。

忍冬 *Lonicera japonica*（金银花）rěn dōng

忍冬科 忍冬属

木质藤本；幼枝密被腺毛和短柔毛，老枝树皮开裂或脱落。叶对生，卵形至矩圆状卵形，幼时两面有毛，后变无毛。总花梗通常单生于小枝上部叶腋；花冠初为白色，后变为黄色，有香气，唇形，外面被柔毛和长腺毛，上唇裂片顶端钝形，下唇带状而反曲；雄蕊和花柱均高出花冠；果实圆形，熟时蓝黑色。花期 4~6 月，果熟期 10~11 月。生于山坡灌丛、疏林、乱石堆、路旁及村庄篱笆边。

葎草 *Humulus scandens*（拉拉秧）lǜ cǎo

大麻科 葎草属

一年生缠绕草本；茎、枝、叶柄均具倒钩刺。叶肾状五角形，掌状 3~7 深裂，基部心形，表面疏生糙伏毛，背面有柔毛和黄色腺体，裂片卵状三角形，边缘具锯齿；叶柄长 5~10 cm。雄花小，黄绿色，圆锥花序；雌花序球果状，苞片纸质，三角形，顶端渐尖，具白色茸毛。瘦果成熟时露出苞片外。花果期 7~11 月。常生于村边、路旁、沟边及荒地。

扛板归 *Persicaria perfoliata* （贯叶蓼、杠板归）káng bǎn guī

蓼科 蓼属

一年生草本；茎蔓生或攀缘，多分枝，长 1~2 m，具倒生皮刺。叶三角形，下面沿叶脉疏生皮刺；叶柄具倒生皮刺，盾状着生于叶片的近基部；托叶鞘圆形或近圆形，穿叶。总状花序呈短穗状，花被白色或淡红色，花被片果时增大，呈肉质，深蓝色。瘦果球形，黑色。花果期 6~10 月。生于路旁、山谷湿地。

齿翅蓼 *Fallopia dentatoalata* （齿翅首乌）chǐ chì liǎo

蓼科 藤蓼属

一年生草质藤本；茎长 1~2 m，具纵棱，沿棱密生小突起。叶卵形或心形，两面无毛，沿叶脉具小突起，边缘全缘，具小突起；膜质托叶鞘短，偏斜。总状花序，腋生或顶生；花被片外面 3 片背部具翅，果时增大，翅通常具齿。瘦果椭圆形，具 3 棱，黑色，密被小颗粒，微有光泽。花果期 8~10 月。生于山坡草丛、山谷湿地。

何首乌 *Pleuropterus multiflorus*（齿翅首乌）hé shǒu wū　蓼科　何首乌属

多年生草质藤本；长 2~4 m，茎多分枝，具纵棱。叶长卵形，基部呈心形，全缘；圆锥状花序，顶生或腋生，长 10~20 cm，分枝开展，具细纵棱。苞片三角状卵形，具小突起，顶端尖，每苞内具 2~4 花；花梗细弱，下部具关节，果时延长；花白色或淡绿色。瘦果卵形，具 3 棱，黑褐色，包于宿存花被内。花果期 8~10 月。生于山谷灌丛、山坡林下及沟边石隙。

葛 *Pueraria montana* var. *lobata*（葛藤、野葛）gé　豆科　葛属

粗壮藤本；长可达 8 m。全体被黄色长硬毛，茎基部木质，有粗厚的块状根。羽状复叶具 3 小叶；小叶 3 裂或全缘，顶生小叶宽卵形或斜卵形，较大，侧生小叶斜卵形，稍小。总状花序，中部以上有颇密集的花；花冠紫色，旗瓣基部有 2 耳及一黄色硬痂状附属体。荚果长椭圆形，扁平，被褐色长硬毛。花期 9~10 月，果期 11~12 月。生于山地疏或密林中。

贼小豆 *Vigna minima* zéi xiǎo dòu

蓼科 豇豆属

一年生缠绕草本；茎纤细。羽状复叶具 3 小叶；托叶披针形，盾状着生，被疏硬毛；小叶的形状和大小变化颇大，卵形、卵状披针形或线形。总状花序柔弱；总花梗远长于叶柄，通常有花 3~4 朵；小苞片线形或线状披针形；花冠黄色，旗瓣极外弯，近圆形。荚果圆柱形，无毛。种子 4~8 颗长圆形，深灰色。花果期 8~10 月。生于旷野、草丛或灌丛中。

野大豆 *Glycine soja*（野黄豆）yě dà dòu

蓼科 大豆属

一年生缠绕草本；长 1~4 m。茎、小枝纤细，全体疏被褐色长硬毛。叶具 3 小叶，顶生小叶卵圆形或卵状披针形，全缘，两面均被绢状的糙伏毛，侧生小叶斜卵状披针形。总状花序通常短，花小；花冠淡红紫色。荚果长圆形，稍弯，两侧稍扁，密被长硬毛，种子间稍缢缩，干时易裂。种子 2~3 颗，椭圆形，稍扁，褐色至黑色。花期 7~8 月，果期 8~10 月。生于潮湿的田边、园边、沟旁、河岸、湖边、沼泽、草甸及芦苇丛中。

两型豆 *Amphicarpaea edgeworthii*（三籽两型豆）liǎng xíng dòu　蓼科　两型豆属

一年生缠绕草本；长 0.3~1.3 m。叶具羽状 3 小叶；小叶菱状卵形或扁卵形，两面常被贴伏的柔毛，基出 3 脉；花二型；茎上部的花冠淡紫色或白色，雄蕊二体；下部的闭锁花，无花瓣，子房伸入地下结实。荚果二型；茎上部荚果为长圆形或倒卵状长圆形，扁平，微弯，被淡褐色柔毛，种子 2~3 颗，肾状圆形，黑褐色；地下荚果近球形，不开裂，内含 1 粒种子。花果期 8~11 月。生于海拔 300~1800 m 的山坡路旁及旷野草地。

南蛇藤 *Celastrus orbiculatus*（山豆根）nán shé téng　卫矛科　南蛇藤属

木质攀缘藤本。小枝光滑无毛，灰棕色。叶互生，通常阔倒卵形，边缘具锯齿。聚伞花序多腋生，花两性；雄花花盘浅杯状，雄蕊长 2~3 mm，退化雌蕊不发达；雌花花盘稍深厚，肉质，退化雄蕊极短小。蒴果近球状橘黄色，成熟时 3 裂。种子椭圆状稍扁，假种皮红色。花期 5~6 月，果期 7~10 月。生于山坡灌丛、山谷林缘。

山葡萄 *Vitis amurensis* shān pú táo

葡萄科 葡萄属

木质藤本；卷须 2~3 分枝，与叶对生。叶阔卵圆形，3~5 浅裂或不分裂，叶基部心形，边缘具粗锯齿。圆锥花序疏散，与叶对生，常被蛛丝状茸毛，花瓣 5，呈帽状粘合脱落；雌雄异株，雌花 5 个雄蕊退化，雄花雌蕊退化。浆果球形；熟时黑色。花期 5~6 月，果期 7~9 月。生于山坡、沟谷林中或灌丛。

毛葡萄 *Vitis heyneana* máo pú táo

葡萄科 葡萄属

木质藤本；卷须 2 叉分枝，密被茸毛，与叶对生。叶卵圆形、长卵椭圆形或卵状五角形，基部心形或浅心形，边缘具尖锐锯齿，上面绿色，下面密被灰色或褐色茸毛；雌雄异株。圆锥花序疏散，与叶对生，被灰色或褐色蛛丝状茸毛；花瓣 5，呈帽状粘合脱落。雌雄异株，雌花 5 个雄蕊退化，雄花雌蕊退化。浆果圆球形，成熟时紫黑色。花期 4~6 月，果期 6~10 月。生于山坡、沟谷灌丛或疏林。

桑叶葡萄 *Vitis heyneana* subsp. *ficifolia* sāng yè pú táo

葡萄科 葡萄属

本种为毛葡萄的变种，与毛葡萄主要区别：叶片常有 3 浅裂至中裂并混生有不分裂叶。花期 5~7 月，果期 7~9 月。生于山坡、沟谷灌丛或疏林。

蘡薁 *Vitis bryoniifolia* yīng yù

葡萄科 葡萄属

木质藤本；卷须 2 叉分枝，与叶对生。叶长圆卵形，常 3~5 深裂，边缘有缺刻粗齿或成羽状分裂，下面密被蛛丝状茸毛和柔毛，以后脱落变稀疏。花杂性异株，圆锥花序与叶对生；花瓣 5，呈帽状粘合脱落。果实球形，成熟时紫红色。花期 5~6 月，果期 8~9 月。生于山谷林中、灌丛、沟边或山坡。

葎叶蛇葡萄 *Ampelopsis humulifolia* lǜ yè shé pú táo

葡萄科 蛇葡萄属

木质藤本；卷须 2 叉分枝，紫红色，与叶对生。叶为心状五角形，常 3~5 浅裂或中裂，边缘有粗锯齿，上面绿色，下面粉绿色，无毛；叶柄紫红色；多歧聚伞花序与叶对生，花黄绿色；花瓣 5，卵椭圆形，雄蕊 5。果实近球形，熟时白色、淡黄色或淡蓝色，有小斑点。花期 5~7 月，果期 5~9 月。生于山沟、地边、灌丛、林缘或林中。

乌头叶蛇葡萄 *Ampelopsis aconitifolia* wū tóu yè shé pú táo

葡萄科 蛇葡萄属

木质藤本。卷须 2~3 叉分枝，相隔 2 节间断与叶对生；叶为掌状 5 小叶，小叶 3~5 羽裂，披针形或菱状披针形。伞房状复二歧聚伞花序疏散，与叶对生；花蕾卵圆形，顶端圆形；萼碟形，波状浅裂或几全缘，无毛；花瓣 5，卵圆形。果实近球形，成熟时橙黄色。花果期 5~9 月。生于沟边、山坡灌丛或草地。

白蔹 *Ampelopsis japonica* bái liǎn

葡萄科 蛇葡萄属

木质藤本。卷须不分枝或卷须顶端有短的分叉，与叶对生；叶为掌状 3~5 小叶，小叶不裂至羽状深裂，小叶常具关节，关节间有翅。聚伞花序常集生于卷须顶端；花蕾卵球形；萼碟形，边缘呈波状浅裂，无毛；花瓣 5，卵圆形。果实球形，成熟后淡蓝色带白色，花期 5~6 月，果期 7~9 月。生于石灰岩质山坡、地边、灌丛或草地。

地锦 *Parthenocissus tricuspidata*（爬墙虎、爬山虎）dì jǐn

葡萄科 地锦属

木质藤本。卷须 5~9 分枝，顶端具吸盘，与叶对生；叶片倒卵圆形，3 浅裂，边缘有粗锯齿。多歧聚伞花序，着生在短枝上；花瓣 5，长椭圆形，雄蕊 5，花盘不明显。浆果球形，成熟时蓝色，被白粉。花期 5~6 月，果期 9~10 月。生于山坡崖石壁或灌丛。

五叶地锦 *Parthenocissus quinquefolia*（美国地锦、美国爬山虎）wǔ yè dì jǐn

葡萄科 地锦属

木质藤本。卷须5~9分枝，顶端具吸盘，与叶对生。叶为掌状5小叶，小叶倒卵圆形，边缘有粗锯齿。花序假顶生形成主轴明显的圆锥状多歧聚伞花序，花黄绿色；花瓣5，长椭圆形，雄蕊5，花盘不明显。浆果球形，蓝黑色，被白粉。花期6~7月，果期8~10月。原产于北美洲，多为栽培植物，亦有野生者。

乌蔹莓 *Causonis japonica*（五爪龙、五叶莓）wū liǎn méi

葡萄科 乌蔹莓属

草质藤本。小枝圆柱形，有纵棱纹。卷须2~3叉分枝。叶对生；叶为鸟足状5小叶，中央小叶长椭圆形或椭圆披针形，侧生小叶椭圆形或长椭圆形，边缘锯齿。花序腋生，复二歧聚伞花序；花蕾卵圆形；萼碟形，花瓣4，三角状卵圆形。果实近球形，熟时黑色。花期3~8月，果期8~11月。生于山谷林中或山坡灌丛。

软枣猕猴桃 *Actinidia arguta* ruǎn zǎo mí hóu táo

猕猴桃科 猕猴桃属

木质藤本；雌雄异株。髓淡褐色，片层状。叶椭圆形，边缘具繁密的锐锯齿，叶脉上常有髯毛或卷曲柔毛，叶柄常带红色。花绿白色或黄绿色，芳香。果圆球形至柱状长圆形，长2~3 cm，有喙或喙不显著，光滑无毛，不具宿存萼片，成熟时绿黄色。花果期5~10月。生于沟谷林缘、水边。

杠柳 *Periploca sepium*（阴柳）gāng liǔ

夹竹桃科 杠柳属

落叶蔓性灌木；具乳汁。茎皮灰褐色；小枝通常对生，有细条纹，具皮孔。叶卵状长圆形，全缘；叶上面深绿色，有光泽，叶背淡绿色。聚伞花序腋生，着花数朵；花萼裂片卵圆形，花萼内面基部有10个小腺体；花冠紫红色；副花冠环状，裂片丝状伸长。蓇葖果双生，圆柱状，成熟时开裂；种子长圆形，黑褐色，顶端具白色绢质种毛。花期5~6月，果期7~9月。生于平原及低山丘的林缘、沟坡、河边沙质地或田埂等处。

萝藦 *Cynanchum rostellatum* （老鸹瓢）luó mó

夹竹桃科 鹅绒藤属

多年生草质藤本；具乳汁。叶对生，长卵状心形，全缘，叶背粉绿色。总状式聚伞花序腋生；花萼裂片披针形，外面被微毛；花冠白色，有淡紫红色斑纹，花冠裂片披针形，顶端反折，内面被柔毛。蓇葖果叉生，呈角状，表面具瘤状突起。种子扁平，卵圆形，褐色，顶端具白色绢质种毛。花期 7~8 月，果期 9~12 月。生于林边荒地、山脚、河边、路旁灌丛。

地梢瓜 *Cynanchum thesioides* （地梢花、瓜蒌、女青）dì shāo guā

夹竹桃科 鹅绒藤属

植株直立或为藤本；具乳汁。叶对生，线形或条形，叶背中脉隆起。伞形聚伞花序腋生；花萼外面被柔毛；花冠白色；副花冠杯状，裂片三角状披针形，渐尖。蓇葖果纺锤形，先端渐尖，中部膨大。种子扁平，暗褐色，顶端具白色绢质种毛。花期 5~8 月，果期 8~10 月。生于山坡、沙丘、干旱山谷、荒地、田边等处。

白首乌 *Cynanchum bungei*（泰山何首乌）bái shǒu wū

夹竹桃科 鹅绒藤属

多年生草质藤本；具乳汁。茎纤细而韧，被微毛。叶对生，戟形，两面被粗硬毛。伞形聚伞花序腋生，比叶短；花萼裂片披针形；花冠白色，裂片长圆形；副花冠 5 深裂，裂片呈披针形，内面中间有舌状片。蓇葖果单生或双生，披针形，向端部渐尖。种子卵形，具白色绢质种毛。花期 6~7 月，果期 7~10 月。生于山坡、山谷或河坝、路边的灌丛或石缝中。

鹅绒藤 *Cynanchum chinense*（祖子花）é róng téng

夹竹桃科 鹅绒藤属

多年生缠绕草本；具乳汁。叶对生，宽三角状心形，叶面深绿色，叶背苍白色。伞形聚伞花序腋生；花萼外面被柔毛；花冠白色，裂片长圆状披针形；副花冠杯状，上端裂成 10 个丝状体。蓇葖果双生或仅有 1 个发育，细圆柱状，向端部渐尖。种子长圆形；具白色绢质种毛。花期 6~8 月，果期 8~10 月。生于山坡向阳的灌木丛中、路旁、河畔或田埂边。

变色白前 *Vincetoxicum versicolor* biàn sè bái qián

夹竹桃科 白前属

高达 2 m；下部直立，上部缠绕。叶对生，宽卵形，全缘，常波状，两面被黄色茸毛。聚伞花序伞状，被茸毛；花冠黄白后变成深紫色，辐状或钟状，花冠裂片卵状三角形，被微柔毛，副花冠较合蕊冠短，裂片三角形；花药菱形，顶端附属物圆形。蓇葖果宽披针状圆柱形。种子卵形。花期 5~8 月，果期 7~11 月。生于山坡林下、灌草丛中。

络石 *Trachelospermum jasminoides* luò shí

夹竹桃科 络石属

常绿木质藤本，长达 10 m，具乳汁；茎赤褐色，圆柱形，有皮孔；小枝被黄色柔毛，老时渐无毛。叶革质，卵状椭圆形；叶柄内和叶腋外具钻形腺体。二歧聚伞花序腋生或顶生；花白色，芳香。蓇葖果双生，叉开，无毛，线状披针形；种子褐色，线形，顶端具白色绢质种毛。花期 3~7 月，果期 7~12 月。生于山野、溪边、路旁、林缘或杂木林中，常缠绕于树上或攀缘于墙壁上、岩石上。

（张海森摄）

羊乳 *Codonopsis lanceolata*（轮叶党参、羊奶参、四叶参、山海螺）yáng rǔ　桔梗科　党参属

多年生草质缠绕藤本，有白色乳汁。茎无毛，有多数短分枝。主茎上的叶片小，互生，菱状狭卵形，无毛；分枝顶端叶片 3~4 枚近轮生，有短柄，菱状卵形或狭卵形，无毛。花冠黄绿色带紫色或紫色，宽钟状，5 浅裂。蒴果有宿存花萼，上部 3 瓣裂。花果期 8~10 月。生于山地灌木林下沟边阴湿地区或阔叶林内。

（张海森摄）

（张海森摄）

（张海森摄）

南方菟丝子 *Cuscuta australis*（欧洲菟丝子、金线藤）nán fāng tù sī zǐ　旋花科　菟丝子属

一年生寄生草本。茎缠绕，金黄色，纤细，无叶。花序侧生，花冠乳白色或淡黄色，杯状，裂片卵形或长圆形，直立，宿存。蒴果扁球形，仅下半部为宿存花冠所包。通常有 4 种子，淡褐色，卵形，表面粗糙。花果期 7~10 月。生于田边、山坡阳处、路边灌丛或海边沙丘，通常寄生于豆科、菊科、蒺藜科等植物上。

金灯藤 *Cuscuta japonica*（日本菟丝子）jīn dēng téng

旋花科 菟丝子属

一年生寄生缠绕草本。茎较粗壮，肉质，黄色，常带紫红色瘤状斑点，多分枝，无叶。花形成穗状花序；花萼碗状，肉质，5裂几达基部，裂片卵圆形或近圆形，背面常有紫红色瘤状突起；花冠钟状，淡红色或绿白色，顶端5浅裂，裂片卵状三角形。蒴果卵圆形，近基部周裂。种子1~2个，光滑，褐色。花果期8~9月。寄生于草本或灌木上。

打碗花 *Calystegia hederacea*（扶子苗、喇叭花）dǎ wǎn huā

旋花科 打碗花属

一年生缠绕或匍匐草本；常自基部分枝；茎细，平卧，有细棱。基部叶片长圆形，上部叶片3裂，中裂片长圆形或长圆状披针形，侧裂片近三角形。花腋生，1朵，花梗长于叶柄，有细棱；苞片宽卵形；花冠淡紫色或淡红色，钟状，冠檐近五角星状。蒴果卵球形。花果期3~8月。从平原至高海拔地方都有生长，常见于农田、荒地、路旁。

柔毛打碗花 *Calystegia pubescens* róu máo dǎ wǎn huā

旋花科 打碗花属

多年生草本；茎蔓生，常攀缘，高达数米，无毛或疏生短柔毛。叶片狭三角形至长圆形，疏生柔毛，基部浅裂或强烈 3 裂成戟形。花序梗不超过叶，无毛或靠近基部被短柔毛；小苞片通常无毛，花冠漏斗状，粉色。花果期 5~9 月。生于田边、路旁。

藤长苗 *Calystegia pellita* téng cháng miáo

旋花科 打碗花属

多年生草本；茎缠绕或下部直立，密被灰白色或黄褐色长柔毛。叶长圆形或长圆状线形，全缘，两面被柔毛。花腋生，单一，花梗短于叶，密被柔毛；苞片卵形，先端具小短尖头，具脉；萼片近相等，长圆状卵形，上部具黄褐色缘毛；花冠淡红色，漏斗状，冠檐于瓣中带顶端被黄褐色短柔毛。蒴果近球形。花果期 5~9 月。生于平原路边、田边或山坡草丛。

肾叶打碗花 *Calystegia soldanella*（滨旋花）shèn yè dǎ wǎn huā

旋花科 打碗花属

多年生草本，茎细长，平卧，有细棱或有时具狭翅。叶肾形，质厚，全缘呈浅波状；叶柄长于叶片。花单朵腋生，花梗长于叶柄，有细棱；苞片宽卵形，比萼片短，顶端圆或微凹，具小短尖；萼片近于等长，外萼片长圆形，内萼片卵形，具小尖头；花冠淡红色，钟状，冠檐微裂。花果期5~9月。蒴果卵球形。生于海滨沙地或海岸岩石缝中。

北鱼黄草 *Merremia sibirica* běi yú huáng cǎo

旋花科 鱼黄草属

一年生缠绕草本。叶卵状心形，顶端长渐尖或尾状渐尖，全缘或稍波状；叶柄基部具小耳状假托叶。聚伞花序腋生，有1~7朵花，花序梗通常比叶柄短，明显具棱或狭翅；苞片小，线形；花冠淡红色，钟状，冠檐具三角形裂片。蒴果近球形，顶端圆，无毛，4瓣裂。花期7~8月，果期9月。生于路边、田边、山地草丛或山坡灌丛。

圆叶牵牛 *Ipomoea purpurea*（喇叭花、牵牛花）yuán yè qiān niú

旋花科 番薯属

一年生缠绕草本；全株被粗硬毛。叶圆心形，两面疏或密被刚伏毛。花腋生，1~5 朵着生于花序梗顶端成伞形聚伞花序；苞片线形，被开展的长硬毛；花梗被倒向的毛；萼片 5，卵状披针形，外面均被开展的硬毛；花冠漏斗状，紫色、红色、蓝色或白色，顶端 5 浅裂。果序下垂，蒴果近球形。花果期 6~10 月。分布范围广，生于田边、路边、宅旁或山谷林内等。

牵牛 *Ipomoea nil* qiān niú

旋花科 番薯属

一年生缠绕草本；全株被短柔毛或长硬毛。叶宽卵形或近圆形，3 浅裂。苞片线形；萼片披针状线形，外面被开展硬毛；花冠漏斗状，蓝紫色或紫红色。蒴果近球形，3 瓣裂。种子卵状三棱形，黑褐色。花果期 8~11 月。生于山坡灌丛、旱谷边、园边宅旁及山地路边。

裂叶牵牛 *Ipomoea hederacea*（牵牛花）liè yè qiān niú

旋花科 番薯属

一年生缠绕草本；全株被短柔毛或长硬毛。叶宽卵形或近圆形，3~5 深裂。萼片卵形，外面被开展的黄色刚毛，基部更密；花冠漏斗状，蓝色，顶端 5 浅裂。蒴果扁球形，3 瓣裂。种子卵状三棱形，黑褐色，被褐色短茸毛。花果期 8~11 月。生于山坡灌丛、干燥河谷边、园边宅旁、山地路边。

瘤梗番薯 *Ipomoea lacunosa* liú gěng fān shǔ

旋花科 番薯属

一年生缠绕草本；多分枝，茎上有稀疏的疣基毛。叶互生，叶卵形至宽卵形，全缘，基部心形，先端具尾状尖；叶柄无毛或有时具小疣。花序腋生，花序梗无毛但具明显棱，有瘤状突起；花冠漏斗形，无毛，白色、淡红色或淡紫红色。蒴果近球形，中部以上被毛，具花柱形成的细尖头，4 瓣裂。种子无毛。花果期 7~9 月。原产于北美洲，现在广泛分布，多为农田杂草。

茑萝 *Ipomoea quamoclit*（羽叶茑萝、茑萝松）niǎo luó

旋花科 番薯属

一年生缠绕草本。叶羽状深裂至中脉；叶柄基部常具假托叶。花序腋生；花直立，花柄较花萼长，在果时增厚成棒状；萼片绿色，椭圆形至长圆状匙形；花冠高脚碟状，深红色，冠檐开展，5深裂；雄蕊及花柱伸出。蒴果卵形，熟时4瓣裂；种子4，卵状长圆形，黑褐色；花果期7~10月。原产于美洲，我国引种栽培，适应性较强，有时逸为野生。

田旋花 *Convolvulus arvensis*（燕子草、中国旋花）tián xuán huā

旋花科 旋花属

多年生草本。茎平卧或缠绕，有条纹及棱角。叶片箭形。花序腋生，花柄明显长于花萼；苞片2，线形；萼片有毛，长圆状椭圆形，钝，具短缘毛；花冠宽漏斗形，白色或粉红色，5浅裂。蒴果卵状球形或圆锥形，无毛。种子卵圆形，暗褐色或黑色。花果期4~9月。生于耕地及荒坡草地上。

鸡屎藤 *Paederia foetida*（鸡矢藤）jī shǐ téng

茜草科 鸡屎藤属

多年生草质藤本；全株有臭味，揉搓后更明显。叶对生，卵形或披针形；托叶卵状披针形，于两叶柄间合生。圆锥花序腋生或顶生；小苞片微小，卵形或锥形，有小睫毛；花有小梗，生于柔弱的三歧常作蝎尾状的聚伞花序上；花萼钟形，萼檐裂片钝齿形；花冠外面白色，内面紫色。果阔椭圆形，压扁。花果期 7~10 月。生于路旁、灌丛中。

茜草 *Rubia cordifolia* qiàn cǎo

茜草科 茜草属

多年生攀缘草本；茎多条，从根状茎的节上发出，细长，4 棱形，棱上生倒生皮刺，中部以上多分枝。叶通常 4 片轮生，卵状至卵状披针形，基部心形，两面粗糙，脉上有微小皮刺；叶柄具倒生皮刺。聚伞花序腋生和顶生，多回分枝，有微小皮刺；花冠淡黄色，花冠裂片近卵形。果球形，成熟时橘黄色。花果期 6~10 月。常生于疏林、林缘、灌丛或草地。

山东茜草 *Rubia truppeliana* shān dōng qiàn cǎo

茜草科 茜草属

本种与茜草相似，但叶通常 8 片轮生，披针形或长圆状披针形。基部楔形聚伞花序顶生。花冠白色。果球形，直径通常 4~5 mm，成熟时橘黄色。生境、花期同茜草。

拉拉藤 *Galium spurium*（猪殃殃）lā lā téng

茜草科 拉拉藤属

多年生蔓生或攀缘状草本；高 30~90 cm；茎 4 棱；棱上、叶缘、叶脉上均有倒生的小刺毛。叶 6~8 片轮生，带状倒披针形或长圆状倒披针形，顶端有针状凸尖头，基部渐狭，两面常有紧贴的刺状毛。聚伞花序腋生或顶生，花小，4 数，有纤细的花梗；花萼被钩毛；花冠黄绿色或白色。果密被钩毛，果柄直，较粗。花果期 4~8 月。生于山坡、旷野、沟边、河滩、田中、林缘和草地。

麦仁珠 *Galium tricornutum* （弯梗拉拉藤）mài rén zhū

茜草科　拉拉藤属

一年生草本；高 5~80 cm；茎 4 棱，棱上有倒刺，少分枝。叶 6~8 片轮生，带状倒披针形，在下面中脉和边缘均有倒生的小刺。聚伞花序腋生，通常具 3~5 花；花小，4 数；花梗具倒生的小刺，花后呈弓形下弯；花冠白色。分果爿近球形，单生或双生，有小瘤状凸起，果柄较粗壮，弓形下弯。花果期 4~7 月。生于山坡草地、旷野、河滩、沟边。

栝楼 *Trichosanthes kirilowii*（瓜蒌）guā lóu

葫芦科　栝楼属

多年生攀缘藤本；茎具纵棱及槽。叶片轮廓近圆形，常 3~7 浅裂至中裂；卷须 3~7 歧，被柔毛。花雌雄异株；雄花单生或几朵成总状花序，萼筒筒状，被短柔毛，全缘；花冠白色，裂片倒卵形，顶端中央具 1 绿色尖头，两侧流苏状；雌花单生，子房椭圆形，绿色，柱头 3。果实椭圆形或圆形，成熟时黄褐色或橙黄色。种子卵状椭圆形，压扁，淡黄褐色，近边缘处具棱线。花期 5~8 月，果期 7~10 月。生于山坡林下、灌丛、草地、村旁和田边。

马瓟瓜 *Cucumis melo* var. *agrestis* mǎ bó guā

葫芦科 黄瓜属

一年生匍匐或攀缘草本；茎、枝细弱，具棱，有硬毛和疣状突起；卷须纤细，单一，被微柔毛。叶片近圆形或肾形，两面被毛，边缘不分裂或3~7浅裂，有锯齿。花单性，雌雄同株；花冠黄色。果实长圆形，较小，果肉白色，极薄，不甜。种子污白色或黄白色，卵形或长圆形。花期5~7月，果期7~9月。生于田边、路旁、草丛中。

（李春喜摄）

（李春喜摄）

盒子草 *Actinostemma tenerum* hé zǐ cǎo

葫芦科 盒子草属

一年生草质藤本；茎及叶柄细弱。叶形变异较大，长心形，不分裂或3~5裂或仅在基部分裂，边缘波状或具小圆齿或具疏齿，基部弯缺；卷须细，2歧。花两性，同株；花白色，花萼及花冠的裂片先端呈长尾状。果实卵形，疏生暗绿色鳞片状凸起，自近中部盖裂，果盖锥形。种子表面有不规则雕纹。花果期8~10月。生于水边草丛中。

（张海森摄）

（张海森摄）

（张海森摄）

（张海森摄）

刺果瓜 *Sicyos angulatus* cì guǒ guā

葫芦科 刺果瓜属

一年生攀缘草本；茎具纵棱，被开展的硬毛，具 3~5 分叉的卷须。叶掌状 3~5 浅裂，两面微糙。花单性，雌雄同株；雄花排列成总状花序；花冠黄白色，具绿色脉，5 深裂；雌花淡绿色，聚成头状。果长卵圆形，密被刺毛。种子椭圆形，光滑。花果期 8~10 月。生于山地林缘、悬崖底部、田间、路旁和荒地。原产于北美洲，对本土植物的生存有较大威胁。

竹叶子 *Streptolirion volubile* zhú yè zǐ

鸭跖草科 竹叶子属

多年生攀缘草本；茎长 0.5~6 m。叶片心状圆形，有时心状卵形，顶端常尾尖，基部深心形，上面多少被柔毛。蝎尾状聚伞花序有花 1 至数朵，集成圆锥状，圆锥花序下面的总苞片叶状，上部的小，卵状披针形；花无梗，花瓣白色、淡紫色而后变白色，线形，略比萼长。蒴果顶端有芒状突尖。种子褐灰色。花果期 7~10 月。生于山地、沟谷和石缝等处。

薯蓣 *Dioscorea polystachya*（山药、野山药）shǔ yù

薯蓣科 薯蓣属

多年生缠绕草质藤本；茎通常带紫红色，茎右旋，光滑无毛。下部叶互生，上部叶对生；叶片变异大，卵状三角形至宽卵形或戟形，边缘常耳状 3 裂；叶腋内常有珠芽；雌雄异株。雄花序为穗状花序，近直立；苞片和花被片有紫褐色斑点；雌花序 1~3 个着生于叶腋。蒴果具三棱。种子四周有膜质翅。花果期 6~10 月。生于林下、林缘或沟谷等处。

穿龙薯蓣 *Dioscorea nipponica*（穿山龙）chuān lóng shǔ yù

薯蓣科 薯蓣属

多年生缠绕草质藤本；茎左旋。单叶互生；叶形多变化，通常掌状 3~5 裂，中裂片大，先端有长尖，基部心形。雌雄异株，穗状花序；雄花花被碟形，6 裂；雌花单生，具退化雄蕊，雌蕊柱头 3 裂。蒴果成熟后枯黄色，三棱形，顶端凹入；种子四周有不等的薄膜状翅。花果期 6~10 月。生于林下、林缘和沟谷。

华东菝葜 *Smilax sieboldii* huá dōng bá qiā

菝葜科 菝葜属

攀缘灌木或半灌木；茎长 1~2 m，小枝干后稍凹瘪，一般有刺，刺细长，针状，黑色。叶卵形，叶脉弧形；叶柄常具狭鞘，有卷须；雌雄异株。伞形花序；总花梗纤细；花绿黄色。浆果球形，熟时蓝黑色。花果期 5~11 月。生于林下和林缘。

鞘柄菝葜 *Smilax stans* qiào bǐng bá qiā

菝葜科 菝葜属

落叶灌木或半灌木；高 0.3~3 m；茎和枝条稍具棱，无刺。叶卵形，下面稍苍白色，有时有粉尘状物；叶柄向基部渐宽成鞘状，背面有多条纵槽，无卷须。花序常具 1~3 朵；总花梗纤细，比叶柄长 3~5 倍；花绿黄色，有时淡红色。浆果熟时黑色，具粉霜。花果期 5~10 月。生于林下、灌丛或山坡阴处。

牛尾菜 *Smilax riparia* niú wěi cài

菝葜科 菝葜属

多年生草质藤本；全株无刺。叶较厚，卵形或长圆状披针形，无毛或具乳突状微柔毛；叶柄中部以下常具1对卷须。花单性，雌雄异株，淡绿色；伞形花序花序梗细长；花序托有多数小苞片，小苞片花期常不脱落。浆果成熟时黑色。花果期5~10月。生于林下、灌丛或草丛中。

第四章

草本植物

陆生草本

灯芯草类植物

灯芯草 *Juncus effusus* （水灯草、灯心草）dēng xīn cǎo　　灯芯草科　灯芯草属

多年生草本；高 27~91 cm。茎丛生，直立，圆柱型，淡绿色，具纵条纹，茎内充满白色的髓心。叶全部为低出叶，呈鞘状或鳞片状，包围在茎的基部，基部红褐至黑褐色；叶片退化为刺芒状。聚伞花序假侧生，多花；总苞片圆柱形，生于顶端，似茎的延伸，直立；小苞片 2 枚，宽卵形；花淡绿色；花被片线状披针形，黄绿色，外轮者稍长于内轮。蒴果长圆形或卵形，黄褐色。花果期 4~9 月。生于河边、池旁、水沟、草地及沼泽湿处。

（张海森摄）

（张海森摄）

坚被灯芯草 *Juncus tenuis* （坚被灯心草）jiān bèi dēng xīn cǎo　　灯芯草科　灯芯草属

多年生草本；高 10~40 cm；茎丛生，直立，较细，圆柱形或稍扁，浓绿色；叶基生；叶片细长线形，顶端锐尖，边缘向内卷；叶鞘边缘膜质；叶耳白膜质，钝圆。圆锥花序顶生；总苞片 2 枚，叶状，花下小苞片 2 枚，卵形，黄白色，顶端渐尖；花具梗；花被片披针形，淡绿色，质地较坚硬，顶端锐尖，边缘膜质，中央增厚隆起，在背部两侧与膜质边缘之间有 2 条黄色纵带。蒴果三棱状卵形，黄绿色，与花被片近等长。花果期 5~8 月。生于湿草地、湖岸、河边和沼泽地。

扁茎灯芯草 *Juncus gracillimus* （细灯心草、扁茎灯心草）biǎn jīng dēng xīn cǎo 灯芯草科 灯芯草属

多年生草本；高约 8~70 cm；茎丛生，直立，圆柱形或稍扁，绿色。叶基生和茎生；基生叶 2~3 枚；叶片线形，边缘向内侧反卷；茎生叶 1~2 枚；叶片线形，扁平。复聚伞花序顶生；叶状总苞片通常 1 枚，线形，常超出花序；花序分枝纤细，长短不一；花单生，彼此分离；小苞片 2 枚，宽卵形；花被片披针形。蒴果卵球形，超出花被，上端钝，具短尖头；成熟时褐色、光亮。花果期 5~8 月。生于河岸和塘边。

小灯芯草 *Juncus bufonius* （小灯心草）xiǎo dēng xīn cǎo 灯芯草科 灯芯草属

一年生草本；高 4~30cm；植株矮小，具多数须根；茎丛生，基部常红褐色。叶基生和茎生；茎生叶常 1 枚；叶片线形，扁平；叶鞘具膜质边缘。花序呈二歧聚伞状，或排列成圆锥状，生于茎顶，花序分枝细弱而微弯；总苞片叶状，常短于花序；花排列疏松，具花梗和小苞片；小苞片 2~3 枚，三角状卵形，膜质；花被片披针形。蒴果三棱状椭圆形，黄褐色。花果期 5~8 月。生于湿草地、湖岸、河边和沼泽地。

翅茎灯芯草 *Juncus alatus* （翅茎灯心草）chì jīng dēng xīn cǎo

灯芯草科　灯芯草属

多年生草本；高 11~48 cm；茎丛生，直立，扁平，两侧有狭翅。基生叶多枚，茎生叶 1~2 枚；叶片扁平，线形；叶鞘两侧压扁，边缘膜质，松弛抱茎；叶耳小。头状花序排列成聚伞状，花序梗长短不等；总苞片叶状；花淡绿或黄褐色；雄蕊 6 枚，柱头 3 分叉。蒴果三棱状圆柱形，顶端具短钝的突尖，淡黄褐色。花果期 5~10 月。生于湿润处。

莎草类植物

华东藨草 *Scirpus karuisawensis* huá dōng biāo cǎo

莎草科　藨草属

多年生草本；高 80~150 cm；秆粗壮，坚硬，呈不明显的三棱形，有 5~7 个节，具基生叶和秆生叶。少数基生叶仅具叶鞘而无叶片，鞘常红棕色，叶坚硬，短于秆；苞片叶状，长于花序。长侧枝聚伞花序 2~4 个或有时仅有 1 个，花序间相距较远，集合成圆锥状；小穗 5~10 个聚合成头状，着生于辐射枝顶端，密生多花；鳞片红棕色。花果期 7~10 月。生于河旁、溪边近水处或干枯的河底。

萤蔺 *Schoenoplectiella juncoides* yíng lìn

莎草科 萤蔺属

多年生草本；高 18~70 cm；丛生；秆稍坚挺，圆柱状，少数近于有棱角，平滑，基部具 2~3 个鞘；鞘的开口处为斜截形，顶端急尖或圆形，边缘为干膜质，无叶；苞片 1 枚，为秆的延长，直立。小穗 2~7 个聚成头状，假侧生，卵形或长圆状卵形，棕色或淡棕色，具多数花。花果期 5~11 月。生于路旁、荒地潮湿处、池塘边、溪旁和沼泽中。

三棱水葱 *Schoenoplectus triqueter* （青岛藨草、藨草） sān léng shuǐ cōng

莎草科 水葱属

多年生水生草本；高 20~100 cm；秆散生，粗壮，三棱形，基部具 2~3 个鞘，最上一个鞘顶端具叶片。叶片扁平，短小；苞片 1 枚，为秆的延伸，三棱形。长侧枝聚伞花序假侧生，有 1~8 个辐射枝；辐射枝三棱形，每辐射枝顶端有 1~8 个簇生的小穗；小穗卵形或长圆形，密生多花。花果期 6~10 月。生长在水沟、水塘、山溪边或沼泽地。

水葱 *Schoenoplectus tabernaemontani* shuǐ cōng

莎草科　水葱属

多年生水生草本；高 1~2 m，秆高大，平滑，圆柱状；基部具 3~4 个叶鞘，最上面一个叶鞘具叶片。叶片线形，极小；苞片 1 枚，为秆的延长，直立，钻状，常短于花序。长侧枝聚伞花序简单或复出，假侧生；辐射枝长可达 5 cm，一面凸，一面凹；小穗单生或 2~3 个簇生于辐射枝顶端，具多数花。花果期 6~9 月。生于湖边或浅水塘中。

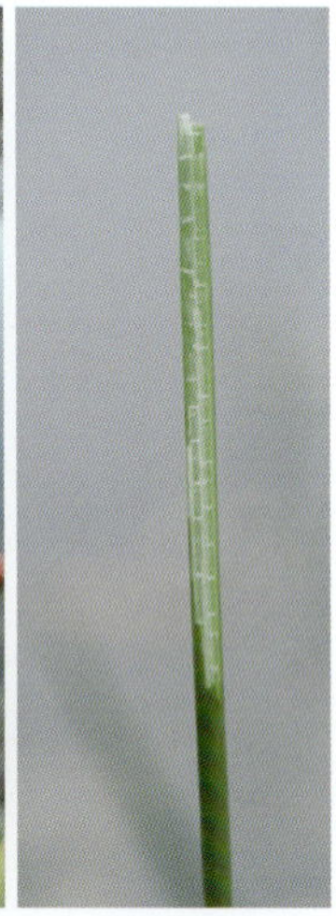

球柱草 *Bulbostylis barbata* qiú zhù cǎo

莎草科　球柱草属

一年生小草本；高 6~25 cm；秆细，丛生，无毛。叶极细，线形，全缘，边缘微外卷；叶鞘薄膜质，边缘具白色长柔毛状缘毛，顶端部分毛较长；苞片 2~3 枚，叶状，极细，边缘外卷。长侧枝聚伞花序头状，具密聚的无柄小穗 3 至数个；小穗披针形或卵状披针形，具 7~13 朵花；鳞片膜质，卵形或近宽卵形，顶端有向外弯的短尖。小坚果倒卵形，三棱形。花果期 8~10 月。生于山坡及路旁草丛。

双穗飘拂草 *Fimbristylis subbispicata* shuāng suì piāo fú cǎo

莎草科 飘拂草属

一年生草本；无根状茎；秆丛生，细弱，高 7~60 cm，扁三棱形，平滑。叶线形，短于秆，有时内卷；无苞片或只有 1 枚，直立，线形，长于花序；小穗通常 1 个，顶生，罕有 2 个，卵形；鳞片螺旋状排列。小坚果圆倒卵形，扁双凸状，褐色。花果期 6~10 月间。生于水边湿润处。

两歧飘拂草 *Fimbristylis dichotoma* liǎng qí piāo fú cǎo

莎草科 飘拂草属

一年生草本；高 15~50 cm；无根状茎；秆丛生，高 15~50 cm，常被疏柔毛。叶条形，略短于秆或与秆等长，被柔毛；鞘基部近革质，上端近于截形；苞片 3~4 枚，叶状，通常有 1~2 枚长于花序，疏被柔毛。长侧枝聚伞花序常复出；小穗卵形、椭圆形或长圆形。花果期 8~10 月。生于山坡沟谷和路旁等潮湿处。

复序飘拂草 *Fimbristylis bisumbellata* fù xù piāo fú cǎo

莎草科 飘拂草属

一年生草本；高 4~20 cm；秆密丛生，较细弱，扁三棱形，基部具少数叶。叶短于秆，平展，顶端边缘具小刺；叶状苞片线形，近于直立，下面的 1~2 枚较长，其余的较短。长侧枝聚伞花序复出或多次复出，松散；辐射枝纤细；小穗长圆状卵形。花果期 6~9 月。生于河边、沟旁、山溪边及山坡潮湿处。

畦畔飘拂草 *Fimbristylis squarrosa* qí pàn piāo fú cǎo

莎草科 飘拂草属

一年生草本；高 6~20 cm；秆密丛生，纤细，矮小，基部具少数叶。叶极细，短于秆；苞片 3~5 枚，丝状。长侧枝聚伞花序简单或近于复出，具少数至十几个辐射枝；小穗卵形或披针形，鳞片顶端有较长的芒。花果期 5~7 月。生于水边湿润处。

具刚毛荸荠 *Eleocharis valleculosa* var. *setosa* （针蔺）jù gāng máo bí qí 莎草科 荸荠属

多年生水生、湿生草本；高 6~50 cm；秆圆柱状，丛生，有纵棱；无叶片。小穗长圆状卵形或线状披针形，生于秆顶部，后期为麦秆黄色，密生小花多数；花具 4 条刚毛，其长明显超过小坚果，淡锈色，略弯曲，不向外展开，具密的倒刺。花果期 4~11 月。生于河边、水塘边等浅水或湿润处。

扁秆荆三棱 *Bolboschoenus planiculmis* （扁秆藨草）biǎn gǎn jīng sān léng 莎草科 三棱草属

多年生水生、湿生草本；高 60~100 cm；具匍匐根状茎和块茎；秆三棱形；秆生叶扁平，具长叶鞘。叶状苞片 1~3 枚，长于花序；长侧枝聚伞花序短缩成头状，小穗 1~6 个；小穗卵形或长圆状卵形，锈褐色，具多数花；鳞片膜质，褐色或深褐色，具芒。小坚果倒卵形。花果期 5~9 月。生于河边、水塘边等浅水中或湿润处。

华湖瓜草 *Lipocarpha chinensis*（野葱草、银穗湖瓜草）huá hú guā cǎo 莎草科 湖瓜草属

一年生小草本；高 10~20 cm；丛生，无根状茎；秆纤细，具槽。叶基生，最下面的鞘无叶片，上面的鞘具叶片；叶片狭线形，长为秆的 1/4 或 1/2，无毛，边缘内卷；鞘管状，抱茎；苞片叶状；小苞片鳞片状。穗状花序 2~4 个簇生，卵形，具极多数鳞片和小穗。小坚果长圆状倒卵形，麦秆黄色。花果期 8~10 月。生于潮湿的路旁、水边和沼泽中。

具芒碎米莎草 *Cyperus microiria*（小碎米莎草、黄颖莎草）jù máng suì mǐ suō cǎo 莎草科 莎草属

一年生草本；高 20~50 cm；秆丛生，三棱形，基部具叶。叶短于秆，平张；叶鞘红棕色；苞片叶状，长于花序。长侧枝聚伞花序复出或多次复出，辐射枝长短不等；穗状花序矩圆卵形，具多数小穗；小穗斜展，线形或线状披针形；小穗轴直，具白色透明的狭边；鳞片顶端具突出的短芒尖。小坚果倒卵形，有三棱，深褐色。花果期 8~10 月。生长于田间、山坡、路旁和水湿处。

碎米莎草 *Cyperus iria* suì mǐ suō cǎo

莎草科 莎草属

一年生草本；高 8~85 cm；秆丛生，扁三棱形，基部具少数叶。叶短于秆，平张或折合，叶鞘红棕色或棕紫色；苞片叶状，下面的 2~3 枚长于花序。长侧枝聚伞花序复出，辐射枝不等长；穗状花序；小穗排列松散，矩圆形，稍下垂；鳞片先端无芒。小坚果倒卵形或椭圆形，有三棱，褐色。花果期 8~10 月。生于田间、山坡、路旁、水边潮湿处。

断节莎 *Cyperus odoratus* duàn jié suō

莎草科 莎草属

多年生草本；高 30~120 cm；秆粗壮，三棱形，基部膨大呈块茎。叶短于秆，平张，叶鞘长，棕紫色；苞片叶状，6~8 枚，下面的苞片长于花序。穗状花序具多数小穗；小穗圆柱状，曲折；鳞片紧密贴生，后期顶端稍展开，卵状椭圆形，坚硬，凹形，背面中间为绿色，其两侧为黄棕色或麦秆黄色，稍带红色，具光泽。小坚果长圆形或倒卵状长圆形，三棱形。花果期 8~10 月。生于水边潮湿处。

白鳞莎草 *Cyperus nipponicus* bái lín suō cǎo

莎草科 莎草属

一年生小草本；秆密丛生，细弱，高 5~20 cm，扁三棱形，基部具少数叶。叶通常短于秆，平张或有时折合；叶鞘膜质，淡红棕色或紫褐色；苞片叶状，3~5 枚，比花序长。长侧枝聚伞花序短缩成头状，圆球形，有时辐射枝稍延长，具多数密生的小穗；小穗无柄，披针形或卵状长圆形，压扁；小穗轴具白色透明的翅；鳞片二列，宽卵形，中脉处绿色，两侧白色透明。花果期 8~10 月。生于水边、草丛和湿润处。

旋鳞莎草 *Cyperus michelianus* xuán lín suō cǎo

莎草科 莎草属

一年生小草本；秆密丛生，高 2~25 cm，扁三棱形。叶长于或短于秆，平张或对折；基部叶鞘紫红色；苞片叶状，3~6 枚，比花序长。长侧枝聚伞花序呈头状、卵形或球形，具极多数密集的小穗；小穗卵形或披针形，具 10~20 余朵花；鳞片螺旋状排列。小坚果狭长圆形，三棱形。花果期 6~10 月。生于水边和潮湿处。

异型莎草 *Cyperus difformis* yì xíng suō cǎo

莎草科 莎草属

一年生草本；高 20~65 cm；秆丛生，扁三棱形。叶短于秆，平张或折合；苞片叶状，2~3 枚，长于花序；长侧枝聚伞花序简单，少数为复出，具 3~9 个辐射枝，辐射枝长短不等，有时近于无花梗。头状花序球形，具极多数小穗；小穗密聚，披针形或线形；小穗轴无翅；鳞片排列稍松，近于扁圆形，中间淡黄色，两侧深红紫色或栗色边缘具白色透明的边。小坚果倒卵状椭圆形或三棱形，淡黄色。花果期 8~10 月。生于水边和潮湿处。

褐穗莎草 *Cyperus fuscus* hè suì suō cǎo

莎草科 莎草属

一年生草本；秆丛生，细弱，高 6~30 cm，扁锐三棱形，平滑，基部具少数叶。叶平张或有时向内折合，边缘不粗糙；苞片 2~3 枚，叶状，长于花序。长侧枝聚伞花序复出，具 3~5 个第一次辐射枝；小穗聚成近头状花序，线状披针形或线形，稍扁平；小穗轴无翅；鳞片顶端钝，背面中间较宽的一条为黄绿色，两侧深紫褐色或褐色。小坚果椭圆形，三棱形，淡黄色。花果期 6~10 月。生于沟边和水旁。

头状穗莎草 *Cyperus glomeratus*（三轮草）tóu zhuàng suì suō cǎo 莎草科 莎草属

一年生草本；高 50~100 cm；秆散生，粗壮，钝三棱形，基部稍膨大，具少数叶。叶短于秆，边缘不粗糙；叶鞘长，红棕色；苞片叶状，3~4 枚，较花序长，边缘粗糙。复出长侧枝聚伞花序具 3~8 个辐射枝，辐射枝长短不等；穗状花序无总花梗，近于圆形、椭圆形或长圆形，具极多数小穗；小穗排列极密，线状披针形或线形，稍扁平，聚成头状的穗状花序；鳞片排列疏松，棕红色。小坚果长圆形，有三棱。花果期 8~11 月。生于水边和湿润处。

水莎草 *Cyperus serotinus* shuǐ suō cǎo 莎草科 莎草属

多年生草本；高 35~100 cm；秆散生；粗壮，扁三棱形。叶片少，短于秆或有时长于秆，基部折合，上面平张，背面中肋呈龙骨状突起；苞片叶状，3~4 枚，较花序长。长侧枝聚伞花序复出；辐射枝长短不等；小穗排列稍松，线状披针形；小穗轴具白色透明的翅；鳞片初期排列紧密，后期较松，宽卵形，背面中肋绿色，两侧红褐色或暗红褐色，边缘黄白色透明。花果期 8~11 月。生于河边、沼泽和湿润处。

香附子 *Cyperusrotundus* xiāng fù zǐ

莎草科 莎草属

多年生草本；高 15~95 cm；秆散生，有三锐棱。叶较多，短于秆，平张；苞片叶状，2~5 枚，长于花序。长侧枝聚伞花序简单或复出，辐射枝长短不一；小穗斜展开，条形，3~10 个排成伞形花序；鳞片稍密，中间绿色，两侧紫红色或红棕色。花果期 6~9 月。生于山坡荒地、草丛、路边或水边潮湿处。

球穗扁莎 *Pycreus flavidus* qiú suì biǎn suō

莎草科 扁莎属

多年生草本；高 7~50 cm；秆丛生，细弱，钝三棱形，一面具沟。叶少，短于秆，折合或平张；叶鞘长，下部红棕色；苞片细长，2~4 枚，长于花序。简单长侧枝聚伞花序具 1~6 个辐射枝，辐射枝长短不等，有时极短缩成头状；每一辐射枝具 2~20 余个小穗；小穗密聚于辐射枝上端呈球形，极压扁；鳞片膜质，褐色。花果期 7~10 月。生于水边和潮湿的草丛。

红鳞扁莎 *Pycreus sanguinolentus*（黑扁莎、矮红鳞扁莎）hóng lín biǎn suō 莎草科 扁莎属

一年生草本；高 7~40 cm；秆密丛生，扁三棱形。叶稍多，常短于秆，平张，边缘具白色透明的细刺；苞片 3~4 枚，叶状，长于花序。长侧枝聚伞花序简单；小穗极压扁；鳞片卵形，背面中间部分黄绿色，两侧具较宽的槽，麦秆黄色或褐黄色，边缘暗血红色或暗褐红色。小坚果圆倒卵形或长圆状倒卵形，双凸状，成熟时黑色。花果期 6~11 月。生长于山谷、田边和河旁潮湿处。

无刺鳞水蜈蚣 *Kyllinga brevifolia* var. *leiolepis* wú cì lín shuǐ wú gōng 莎草科 水蜈蚣属

多年生草本；高 7~20 cm；秆丛生，细弱，扁三棱形，具 4~5 个圆筒状叶鞘，最下面 2 个叶鞘常为干膜质，棕色，上面 2~3 个叶鞘顶端具叶片。叶柔弱，平张；苞片叶状，3 枚，前期展开，后期常向下反折。穗状花序单个，球形。小坚果倒卵状长圆形，扁双凸状。花果期 5~10 月。生于河边、溪边和潮湿的路旁、草坡。

青绿薹草 *Carex breviculmis* qīng lǜ tái cǎo

莎草科 薹草属

多年生草本；高 8~40 cm；秆丛生，纤细，三棱形。叶短于秆，边缘粗糙，质硬；最下部苞片叶状，长于花序，具短鞘，其余的刚毛状，近无鞘。小穗 2~5 个，顶生小穗雄性，侧生小穗雌性。果囊倒卵形，淡绿色，具多条脉；小坚果紧包于果囊中，卵形。花果期 3~6 月。生于林下、林缘、山坡草地、路边和山谷沟边。

白颖薹草 *Carex duriuscula* subsp. *rigescens* bái yǐng tái cǎo

莎草科 薹草属

多年生草本；秆纤细，高 5~20 cm。叶短于秆，扁平，边缘稍粗糙；苞片鳞片状。穗状花序卵形或球形；小穗 5~8 个，卵形；雌花鳞片宽卵形或椭圆形，锈褐色，边缘及顶端为白色膜质，顶端锐尖，具短尖。果囊稍长于鳞片，宽椭圆形，黄褐色。花果期 3~5 月。生于山坡、路旁、堰边和草丛。

亚柄薹草 *Carex lanceolata* var. *Subpediformis*（羊胡子草）yà bǐng tái cǎo 莎草科 薹草属

多年生草本；高 10~35 cm；秆密丛生。叶柔软，初时短于秆，后渐延伸比秆长；苞片佛焰苞状。小穗 3~6 个；顶生者雄性，侧生小穗雌性；雄花鳞片长圆状披针形，顶端急尖，褐色，具宽的白色膜质边缘；雌花鳞片倒卵形，具短尖，两侧紫褐色，有宽的白色膜质边缘，中间淡绿色。花果期 3~5 月。生于林下、林缘草地、阳坡干燥草地和沟谷两侧。

低矮薹草 *Carex humilis* dī ǎi tái cǎo 莎草科 薹草属

多年生草本；秆密丛生，高 2~5 cm，近圆柱形。叶长于秆的 3~5 倍，柔软。小穗 2~3 个；顶生者雄性，花多数；侧生的 1~2 个为雌小穗，有花 2~4 朵；雄花鳞片长圆状卵形，背面紫褐色，两侧白色膜质；雌花鳞片卵形，两侧红褐色，中间绿色，有宽的白色膜质边缘。果囊稍短于鳞片，倒卵状长圆形，三棱形。花果期 3~6 月。生于林下或山坡阳处。

溪水薹草 *Carex forficula* xī shuǐ tái cǎo

莎草科 薹草属

多年生草本；高 40~90 cm；秆紧密丛生，三棱形，粗糙。叶与秆等长或稍长于秆，平张，边缘反卷，绿色；苞片叶状，短于花序。小穗 3~5 个，顶生者雄性，侧生小穗雌性；果囊长于鳞片，倒卵形或卵形，黄绿色。小坚果紧包于果囊中，卵形或宽倒卵形，近双凸状。花果期 3~6 月。生于沟谷、溪边或潮湿处。

二形鳞薹草 *Carex dimorpholepis* èr xíng lín tái cǎo

莎草科 薹草属

多年生草本；秆丛生，高 35~80 cm，锐三棱形，上部粗糙。叶边缘稍反卷；下部 2 枚苞片叶状，长于花序，上部的刚毛状。小穗 5~6 个，下垂；顶端的雌雄顺序；侧生小穗雌性，上部 3 个具雄花，圆柱形。果囊长于鳞片，椭圆形或椭圆状披针形，略扁，红褐色，密生乳头状突起和锈点；柱头 2 个。花果期 4~6 月。生于沟边潮湿处、路边、草地。

翼果薹草 *Carex neurocarpa* yì guǒ tái cǎo

莎草科 薹草属

多年生草本；高 15~100 cm；秆丛生，粗壮，扁钝三棱形。叶短于或长于秆，边缘粗糙；下部苞片叶状，长于花序。小穗多数，雄花在上，雌花在下，卵形；穗状花序密集呈尖塔状圆柱形；果囊长于鳞片，卵形或宽卵形，密生锈色点线，边缘具翅。小坚果卵形，淡棕色。花果期 5~10 月。生于沟谷、溪边或潮湿处。

日本薹草 *Carex japonica* rì běn tái cǎo

莎草科 薹草属

多年生草本；秆疏丛生，高 20~40 cm，较细，扁锐三棱形，上部棱上稍粗糙，基部具少数淡褐色无叶片的鞘。叶上面的长于秆，基部的常短于秆，宽 3~4 mm，稍坚挺，平张，具两条明显的侧脉，边缘粗糙；具鞘苞片叶状，下面的长于小穗，上面的 1~2 个短于小穗，无鞘。小穗 3~4 个，间距较长，顶生小穗为雄小穗，线形；侧生的小穗为雌小穗，长圆状圆柱形。小坚果倒卵状椭圆形。花果期 5~6 月。生于林下、林缘阴湿处或山谷沟旁湿地。

糙叶薹草 *Carex scabrifolia* cāo yè tái cǎo

莎草科 薹草属

多年生草本；高 30~60 cm，秆常 2~3 株簇生于匍匐茎节上，较细，三棱形，平滑，上端稍粗糙，基部具红褐色无叶片的鞘。叶坚挺，中间具沟或边缘稍内卷，边缘粗糙，具较长的叶鞘；下部苞片叶状，长于花序，上部的鳞片状。小穗 3~5 个，上端 2~3 个雄小穗，间距短，其余 1~2 个为雌小穗，间距较长；花柱短，柱头 3 个；小坚果长圆形或狭长圆形，棕色。花果期 4~7 月。生于河边湿润处。

禾本类植物

芦苇 *Phragmites australis* lú wěi

禾本科 芦苇属

多年生高大草本；1~3 m；根状茎十分发达，秆直立，多节，节下被腊粉。叶舌边缘密生短纤毛；叶片条状披针形，长约 30 cm，宽约 2 cm，无毛，顶端长渐尖成丝形。大型圆锥花序，分枝多数，着生稠密下垂的小穗；小穗含 4 花；颖具 3 脉，第一外稃雄性，长约 12 mm，第二外稃长约 11 mm，具 3 脉，基盘密生丝状柔毛，与小穗轴相连接处具明显关节。颖果长约 1.5 mm。花果期 7~10 月。生于沟谷、河湖等。

臭草 *Melica scabrosa*（肥马草）chòu cǎo

禾本科 臭草属

多年生草本；高 20~90 cm。叶鞘闭合近鞘口，常撕裂，下部者长于节间，上部者短于节间；叶舌透明膜质，顶端撕裂而两侧下延；叶片较薄，扁平。圆锥花序狭窄，偏向一侧；小穗柄短，上部弯曲，被微毛；小穗淡绿色或乳白色，含孕性小花 2~4 枚，顶端球形。颖膜质，狭披针形，等长，具 3~5 脉；外稃具 7 条隆起的脉，背面颖粒状粗糙。花果期 3~6 月。生于山地林缘、荒坡、路边、草丛。

细叶臭草 *Melica radula* xì yè chòu cǎo

禾本科 臭草属

多年生草本；高 30~40 cm。叶鞘闭合至鞘口，均长于节间；叶舌短，膜质，短小；叶片常纵卷成线形，两面粗糙或有时上面被短毛。圆锥花序极狭窄偏向一侧；小穗柄短，顶端弯曲，被微毛；小穗淡绿色，长圆状卵形，含孕性小花 2 枚，顶生不育外稃聚集成棒状或小球形。颖长圆状披针形，等长，光滑无毛；外稃卵状披针形，背面颖粒状粗糙。花果期 5~7 月。生于砂质土沟边、石砂质土山坡、石缝、路旁。

广序臭草 *Melica onoei* guǎng xù chòu cǎo

禾本科 臭草属

多年生草本；高75~150 cm。叶鞘闭合几达鞘口，紧密包茎，均长于节间；叶舌质硬，顶端截平，短小；叶片质地较厚，扁平或干时卷折，常转向1侧，上面常带白粉色，两面均粗糙。圆锥花序开展成金字塔形，每节具2~3分枝；小穗绿色，含孕性小花2~3枚，顶生不育外稃1枚。颖薄膜质，顶端尖；外稃硬纸质，边缘和顶端具膜质，细点状粗糙；颖果纺锤形。花果期8~10月。生于山坡阴湿处及山沟或林下。

法氏早熟禾 *Poa faber* fǎ shì zǎo shú hé

禾本科 早熟禾属

多年生草本；高30~60 cm；秆具3~4节，花序以下平滑或糙涩。叶鞘常具倒向粗糙毛，上部压扁成脊，稍长于其叶片；叶舌先端尖；叶片两面粗糙。圆锥花序较紧密；分枝每节3~5枚，粗糙，下部1/3裸露；小穗绿色，含4小花。颖片具3脉，粗糙，先端锐尖；外稃具5脉，脊和边脉下部具长柔毛，基盘具中量绵毛；内稃稍短于外稃。花果期6~8月。生于平原山坡、灌丛草地、山顶林缘、河沟路旁和沙滩田边。

早熟禾 *Poa annua* zǎo shú hé

禾本科 早熟禾属

一年生或冬性禾草；高 6~30 cm。叶鞘稍压扁，中部以下闭合；叶舌圆头；叶片扁平或对折，常有横脉纹，边缘微粗糙。圆锥花序宽卵形，开展；分枝 1~3 枚着生各节，平滑；小穗卵形，含 3~5 小花，绿色。颖质薄，具宽膜质边缘；外稃卵圆形，顶端与边缘宽膜质，具明显的 5 脉，脊与边脉下部具柔毛，间脉近基部有柔毛；内外稃近等长，两脊密生丝状毛；颖果纺锤形。花果期 3~11 月。生于平原和丘陵的路旁、田野水沟或村旁屋后。

雀麦 *Bromus japonicus* què mài

禾本科 雀麦属

一年生草本；高 40~90 cm。叶鞘闭合，被柔毛；叶舌先端近圆形，两面生柔毛。圆锥花序向下弯垂，上部着生 1~4 枚小穗；小穗黄绿色，密生 7~11 小花。颖近等长，脊粗糙，边缘膜质；外稃椭圆形，边缘膜质，微粗糙，具芒，成熟后芒外弯。花果期 4~7 月。生于山坡林缘、荒野路旁、河漫滩湿地等处。

短柄草 *Brachypodium sylvaticum* duǎn bǐng cǎo

禾本科 短柄草属

多年生草本；秆丛生，直立或膝曲上升，高 50~90 cm，节密生细毛。叶鞘被倒向柔毛；叶片两面散生柔毛或仅上面脉上有毛。穗形总状花序着生 10 余枚小穗；穗轴直立或弯曲；小穗柄极短；小穗具毛。花果期 7~9 月。生于林下、林缘、灌丛中。

纤毛鹅观草 *Elymus ciliaris* （纤毛披碱草） xiān máo é guān cǎo

禾本科 披碱草属

多年生草本；高 40~80 cm；秆直立，基部节常膝曲，常被白粉。叶鞘无毛；叶片扁平，两面无毛，边缘粗糙。穗状花序直立或稍下垂；小穗通常绿色；颖椭圆状披针形，先端常具短尖头，边缘与边脉上具有纤毛。外稃长圆状披针形，背部被粗毛，边缘具长而硬的纤毛，上部具有明显的 5 脉，第一外稃顶端延伸成粗糙反曲的芒；内稃长为外稃的 2/3。花果期 4~7 月。生于路旁、潮湿草地或山坡上。

鹅观草 *Elymus kamoji* é guān cǎo

禾本科 披碱草属

多年生草本；高 30~100 cm；秆直立或基部倾斜。叶鞘外侧边缘常具纤毛；叶片扁平。穗状花序弯曲或下垂；小穗绿色或带紫色；颖卵状披针形至长圆状披针形，先端锐尖至具短芒。外稃披针形，具有较宽的膜质边缘，上部具明显的 5 脉，脉上稍粗糙，第一外稃先端延伸成芒，芒粗糙，劲直或上部稍有曲折；内外稃等长。花果期 4~7 月。生于山坡和湿润草地。

东瀛鹅观草 *Roegneria mayebarana* dōng yíng é guān cǎo

禾本科 鹅观草属

多年生草本；高 60~90 cm；秆直立或基部略倾斜。叶片质地较硬，扁平或边缘内卷，两面粗糙或下面光滑。穗状花序直立或稍弯曲；小穗含 5~8 小花；颖宽长圆状披针形，具 5~7 粗壮而密接的脉，脉上粗糙，先端具小尖头或短芒，边缘膜质；外稃长圆状披针形，有时先端两侧具小裂片，背部平滑无毛，上部具明显 5 脉，边缘具狭膜质，先端芒粗糙，直立；内外稃近等长，脊不具翼，上部具简短刺状纤毛。花果期 5~9 月。多生于路边或山坡草地。

㓞草 *Koeleria macrantha* （大花[艹/洽]草）qià cǎo

禾本科 㓞草属

多年生草本；高 25~60 cm；密丛生；秆直立，具 2~3 节，在花序下密生茸毛。叶鞘灰白色或淡黄色，枯萎叶鞘多撕裂残存于秆基；叶舌膜质，截平或边缘呈细齿状；叶片灰绿色，线形，内卷或扁平。圆锥花序穗状，下部间断，草绿色或黄褐色，主轴及分枝均被柔毛；小穗含 2~3 小花。颖倒卵状长圆形至长圆状披针形，先端尖，边缘宽膜质，脊上粗糙；外稃披针形，先端尖，具 3 脉，边缘膜质，背部无芒，基盘钝圆，具微毛；内稃稍短于外稃。花果期 5~6 月。生于山坡、草地或路旁。

虉草 *Koeleria macrantha* yì cǎo

禾本科 虉草属

多年生草本；高 60~140 cm；秆通常单生或少数丛生，高 60~140 cm，有 6~8 节。叶鞘无毛，下部者长于节间，上部者短于节间；叶舌薄膜质；叶片扁平，幼嫩时微粗糙，蓝绿色。圆锥花序初时呈穗状，后开展，分枝斜向上举，密生小穗；小穗无毛。花果期 5~8 月。生于河边水湿处。

棒头草 *Polypogon fugax* bàng tóu cǎo

禾本科 棒头草属

一年生草本；高 10~75 cm；秆丛生，基部膝曲。叶鞘光滑无毛；叶舌膜质，长圆形，常 2 裂或顶端具不整齐的裂齿；叶片扁平，微粗糙或下面光滑。圆锥花序穗状，长圆形或卵形，较疏松；小穗灰绿色或部分带紫色；颖长圆形，疏被短纤毛，先端 2 浅裂，芒从裂口处伸出，细直，微粗糙；外稃光滑，先端具微齿，中脉延伸成长约 2 mm 易脱落的芒。颖果椭圆形，1 面扁平。花果期 5~7 月。生于水边、潮湿处。

瘦瘠伪针茅 *Pseudoraphis sordida* shòu jí wěi zhēn máo

禾本科 伪针茅属

多年生水生、湿生草本；秆高 20~40 cm，细弱，多分枝，基部常匍匐，并于节部生根。叶片线状披针形。圆锥花序穗状，基部包藏于鞘内，分枝多，细弱，仅 1 小穗；小穗披针形，刚毛较长，约为小穗的 2~3 倍。颖果成熟后裸露花外。花果期 8~9 月。多生于池塘、沟旁和溪边潮湿地。

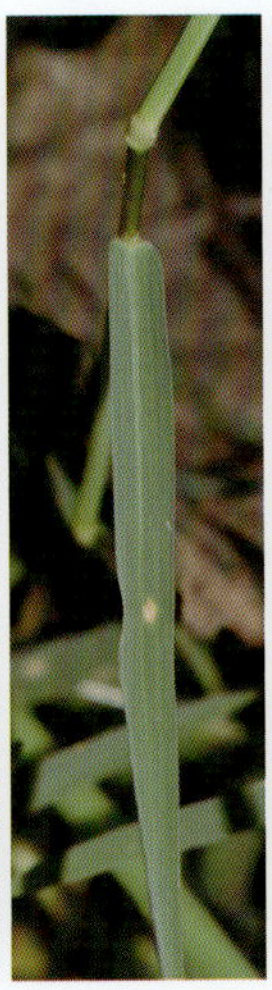

野青茅 *Deyeuxia pyramidalis* yě qīng máo

禾本科 野青茅属

多年生草本；高 50~60 cm；秆直立，丛生。叶片扁平或边缘内卷，两面粗糙无毛。圆锥花序紧缩似穗状；小穗草黄色或带紫色。颖片披针形，先端尖，两颖近等长；外稃稍粗糙，顶端具微齿裂，芒自外稃近基部或下部伸出，近中部膝曲，芒柱扭转；内稃近等长或稍短于外稃；延伸小穗轴被柔毛。花果期 8~10 月。生于山坡草地、林下、林缘、灌丛山谷溪旁或山路旁。

假苇拂子茅 *Calamagrostis pseudophragmites* jiǎ wěi fú zǐ máo

禾本科 拂子茅属

多年生草本；高 40~100 cm；秆直立，丛生；叶鞘短于节间，有时在下部者长于节间。叶舌膜质，长圆形；叶片扁平或内卷，上面及边缘粗糙，下面平滑，偏蓝绿色。圆锥花序疏松开展，细弱，直立或微弯；小穗草黄色或紫色，含 1 小花；基盘具长柔毛；外稃顶端具芒。花果期 6~8 月。生于河边水湿处。

光稃茅香 *Anthoxanthum glabrum* （黄香草、光稃香草） guāng fū máo xiāng 禾本科 黄花茅属

多年生草本；植株有香气；秆高 15~45 cm，具 2~3 节，上部裸露。叶鞘密生微毛，长于节间；叶舌透明膜质，先端啮蚀状；叶片披针形，质较厚，上面被微毛，秆生者较短，基生者较长而窄狭。圆锥花序开展；小穗黄褐色，有光泽；颖膜质，具 1~3 脉，等长或第一颖稍短；雄花外稃等长或较长于颖片，背部向上渐被微毛或几乎无毛，边缘具纤毛；两性花外稃锐尖，上部被短毛。花果期 3~6 月。生于林缘、山坡路旁或水边湿润处。

看麦娘 *Alopecurus aequalis* （棒棒草） kàn mài niang 禾本科 看麦娘属

一年生草本；秆高 15~40 cm；秆少数丛生，光滑。叶鞘光滑，短于节间；叶舌膜质；叶片扁平。圆锥花序圆柱状，灰绿色；小穗椭圆形或卵状长圆形；颖膜质，基部互相连合，具 3 脉，脊上有细纤毛，侧脉下部有短毛；外稃膜质，先端钝，下部边缘互相连合，芒自稃体下部约 1/4 处伸出，隐藏或稍外露；花药橙黄色。花果期 4~6 月。生于水边、林缘、田边及潮湿处。

京芒草 *Achnatherum pekinense*（京羽茅、远东芨芨草）jīng máng cǎo

禾本科 羽茅属

多年生草本；高 60~150 cm；秆直立，光滑，基部常宿存枯萎的叶鞘。叶鞘光滑无毛，上部者短于节间；叶舌平截，具裂齿；叶片扁平或边缘稍内卷，上面及边缘微粗糙，下面平滑。圆锥花序开展，小穗草绿色或变紫色；颖膜质，几等长或第一颖稍长，背部平滑，具 3 脉；外稃顶端具 2 微齿，背部被柔毛，具 3 脉，芒长 2~3 cm，二回膝曲，芒柱扭转且具微毛；内外稃近等长；花药黄色，顶端具毫毛。花果期 8~10 月。生于低矮山坡草地、林下、河滩及路旁。

长芒草 *Stipa bungeana* cháng máng cǎo

禾本科 针茅属

多年生草本；高 20~60 cm；秆丛生，基部膝曲，有 2~5 节。叶片细，纵卷似针状；圆锥花序被顶生叶鞘所包，成熟后渐抽出。两颖近等长，具膜质边缘，有 3~5 脉，先端延伸成细芒；外稃具长芒，芒针细长呈细发状，稍弯曲。花果期 4~7 月。生于山坡灌草丛、河谷阶地或路旁。

多枝乱子草 *Muhlenbergia ramosa* duō zhī luàn zǐ cǎo

禾本科 乱子草属

多年生草本；秆质较硬，高 30~120 cm，基部直立，上部具多数分枝。叶鞘松弛裹茎，平滑无毛；叶片扁平，质较薄，两面及边缘均粗糙。圆锥花序狭窄，分枝单生或孪生，直立或稍开展，粗糙，自基部即密生小穗或主枝下部裸露；小穗灰绿色稍带紫色，狭披针形；外稃具纤细柔弱的芒；花果期 8~10 月。生于山谷疏林下或山坡路旁潮湿处。

大画眉草 *Eragrostis cilianensis* dà huà méi cǎo

禾本科 画眉草属

一年生草本；高 20~90 cm；秆粗壮，直立丛生，节下有一圈明显的腺体。叶鞘脉上有腺体，鞘口具长柔毛；叶舌为一圈成束的短毛；叶片线形，扁平，叶脉与叶缘均有腺体。圆锥花序长圆形或尖塔形，分枝粗壮，腋间具柔毛，小枝和小穗柄上均有腺体；小穗长圆形或卵状长圆形，较大，铅绿色，有 10~40 小花。花果期 6~10 月。生于荒芜草地上。

小画眉草 *Eragrostis minor* xiǎo huà méi cǎo

禾本科 画眉草属

一年生草本；高 15~50 cm；秆纤细，丛生，膝曲上升，节下有一圈腺体。叶鞘较节间短，叶鞘脉上有腺体，鞘口有长毛；叶舌为一圈长柔毛；叶片线形，平展或卷缩，下面光滑，上面粗糙并疏生柔毛，主脉及边缘都有腺体。圆锥花序开展而疏松，腋间无毛，花序轴、小枝以及柄上都有腺体；小穗长圆形，含 3~16 小花，较小，绿色或深绿色。花果期 6~10 月。生于荒芜田野、草地和路旁。

画眉草 *Eragrostis pilosa* huà méi cǎo

禾本科 画眉草属

一年生草本；高 15~60 cm。叶鞘松裹茎，扁压，鞘口有长柔毛；叶舌为一圈纤毛；叶片线形扁平或卷缩。圆锥花序，分枝单生，簇生或轮生，多直立向上，腋间有长柔毛，小穗具柄，暗绿或带紫色。颖为膜质，披针形，先端渐尖；颖果长圆形。花果期 8~11 月。生于山地、路旁草地。

知风草 *Eragrostis ferruginea*（梅氏画眉草）zhī fēng cǎo

禾本科 画眉草属

多年生草本；高 30~110 cm；秆多丛生。叶鞘两侧极压扁，光滑无毛，长于节间，鞘口与两侧密生柔毛，通常在叶鞘的主脉上生有腺点；叶舌退化为一圈短毛；叶片平展或折叠。圆锥花序大而开展，无毛；小枝、小穗柄中部或中部偏上有腺体；小穗长圆形，有 7~12 小花，绿色多带黑紫色。花果期 7~10 月。生于山地林缘、路边和山坡草地。

北京隐子草 *Cleistogenes hancei* běi jīng yǐn zǐ cǎo

禾本科 隐子草属

多年生草本；高 50~70 cm；秆直立；疏丛状，较粗壮。叶鞘短于节间，无毛或疏生疣毛；叶舌短，先端裂成细毛；叶片线形，扁平或稍内卷，两面均粗糙，常呈绿色，亦有时稍带紫色。圆锥花序开展，小穗灰绿色或带紫色，排列较密，含 3~7 小花。颖具 3~5 脉；外稃披针形，有紫黑色斑纹，外稃先端具短芒；内稃等长或较长于外稃。花果期 8~10 月。生于山坡、路旁和林缘灌丛。

多叶隐子草 *Cleistogenes polyphylla* duō yè yǐn zǐ cǎo

禾本科 隐子草属

多年生草本；高 15~40 cm；秆直立，丛生，粗壮，具多节。叶鞘多少具疣毛，层层包裹直达花序基部；叶舌截平，具短纤毛；叶片披针形至线状披针形，多直立上升，扁平或内卷，坚硬。花序狭窄，基部常为叶鞘所包。小穗长 8~13 mm，绿色或带紫色，含 3~7 小花；颖披针形或长圆形，具 1~5 脉；外稃披针形，外稃先端具短芒；内外稃近等长。花果期 8~10 月。生于干燥山坡、灌丛和石缝。

细柄草 *Capillipedium parviflorum* （吊丝草） xì bǐng cǎo

禾本科 细柄草属

多年生草本；高 50~100 cm；秆直立或基部稍倾斜。叶鞘基部有毛；叶舌边缘具短毛；叶片线形。圆锥花序稀疏分散，分枝纤细，膝曲。无柄小穗基部具髯毛，外稃先端具一膝曲的芒；有柄小穗中性或雄性，无芒。花果期 9~11 月。生于山地林缘、林下和山坡灌丛中。

双稃草 *Leptochloa fusca* shuāng fū cǎo

禾本科 千金子属

多年生草本；高 20~90 cm；常丛生，秆直立或膝曲上升。叶鞘平滑无毛，通常自基部节处以上与秆分离；叶片线形，常内卷，上面微粗糙。圆锥花序，主轴与分枝均粗糙；小穗灰绿色，近圆柱形。果序成熟时灰白色，果序分枝与主轴连接处断裂脱落。花果期 5~10 月。生于水边等潮湿处。

千金子 *Leptochloa chinensis* qiān jīn zǐ

禾本科 千金子属

一年生草本；高 30~90 cm；秆直立，基部膝曲或倾斜。叶鞘无毛，大多短于节间；叶舌膜质，常撕裂具小纤毛；叶片扁平或稍卷折，先端渐尖，两面微粗糙或下面平滑。圆锥花序，下部常藏于叶鞘内，分枝及主轴均微粗糙；小穗多带紫色。颖果长圆球形。花果期8~11 月。生于水边潮湿处。

中华草沙蚕 *Tripogon chinensis* zhōng huá cǎo shā cán

禾本科 草沙蚕属

多年生密丛草本；高 10~30 cm；秆直立，细弱，光滑无毛。叶鞘口处有白色长柔毛；叶舌膜质，具纤毛；叶片狭线形，常内卷成刺毛状，上面微粗糙且向基部疏生柔毛，下面平滑无毛。穗状花序细弱，穗轴三棱形，微扭曲，多平滑无毛；小穗线状披针形，铅绿色，含 3~5 小花。花果期 6~10 月。生于干燥山坡、岩石和墙上。

牛筋草 *Eleusine indica*（蹲倒驴、蟋蟀草）niú jīn cǎo

禾本科 穆属

一年生草本；高 10~90 cm；秆丛生，初贴地生长，后斜上升，基部压扁。叶鞘无毛或疏生疣毛；叶片平展，线形。穗状花序 2~7 个指状着生于秆顶；小穗白绿色，两行，密集排列在花序轴一侧。囊果卵形，基部下凹，具明显的波状皱纹。花果期 6~10 月。本种根系极发达，秆叶强韧。生于房前屋后、路旁、田边、荒地和草丛。

虎尾草 *Chloris virgata* hǔ wěi cǎo

禾本科 虎尾草属

一年生草本；高 12~75 cm；秆直立或基部膝曲，光滑无毛。叶鞘背部具脊，无毛；叶舌无毛或具纤毛；叶片线形，两面无毛或边缘及上面粗糙。穗状花序 5 至 10 余枚，指状着生于秆顶，常直立而并拢成毛刷状，成熟时常带紫色；小穗无柄，密集排列在花序轴一侧；外稃具芒。颖果纺锤形。花果期 6 ~10 月。生于田边、路旁和草丛。

鼠尾粟 *Sporobolus fertilis* shǔ wěi sù

禾本科 鼠尾粟属

多年生草本；高 25~120 cm；秆直立，丛生，平滑无毛。叶舌极短，纤毛状；叶片狭条形，通常内卷。圆锥花序较紧缩呈线形或近穗形；小穗灰绿色且略带紫色。囊果成熟后红褐色，明显短于外稃和内稃，倒卵状。花果期 8~10 月。生于林缘、山坡草地和路旁。

结缕草 *Zoysia japonica* jié lǚ cǎo

禾本科 结缕草属

多年生草本；高 15~20 cm；植株矮小，具横走根茎；秆直立，基部常有宿存枯萎的叶鞘。叶鞘无毛；叶舌纤毛状；叶片扁平或稍内卷，表面疏生柔毛。总状花序穗状；小穗卵形，淡黄绿色或带紫褐色。颖果卵形。花果期 5~9 月。生于山地林下、林缘、山坡灌草丛和路旁。

虱子草 *Tragus berteronianus* shī zǐ cǎo

禾本科 锋芒草属

一年生草本；高 15~30 cm；植株矮小，秆倾斜，基部常伏卧地面。叶片披针形，波状褶皱，边缘软骨质，疏生细刺毛。花序紧密，呈穗状；小穗通常成对生于主轴上，并聚合成一刺球体；第一颖退化，第二颖革质，背部有 5 条具沟刺的肋；外稃膜质，有三脉。花果期 7~9 月。生于向阳的山坡、荒地、路旁。

野古草 *Arundinella hirta* yě gǔ cǎo

禾本科 野古草属

多年生草本；高 90~150 cm；根茎粗壮，秆直立，疏丛生。叶鞘被疣毛，边缘具纤毛；叶舌具长纤毛；叶片长条形，两面被疣毛。圆锥花序开展，花序柄、主轴及分枝均被疣毛；小穗无毛，成对着生；第一小花雄性；第二小花两性，短于第一小花，外稃无芒，常具小尖头。花果期7~10月。生于山坡、路旁或灌丛。

糠稷 *Panicum bisulcatum* kāng jì

禾本科 黍属

一年生草本；高 0.5~1 m；直立或基部伏地，节上可生根。叶鞘边缘被纤毛；叶舌膜质，顶端具纤毛；叶片披针形，平展或微垂。大型圆锥花序，分枝纤细，斜举或平展；小穗椭圆形，绿色或有时带紫色，具细柄，微下垂。花果期 8~11 月。生于河边、沟谷、荒野潮湿处。

细柄黍 *Panicum sumatrense* xì bǐng shǔ

禾本科 黍属

一年生草本；高 20~60 cm；叶鞘松弛，无毛，压扁。叶片线状披针形，斜向上，顶端渐尖，基部常折叠。圆锥花序开展，长 10~20 cm，宽可达 15 cm，基部常为顶生叶鞘所包，花序分枝纤细，微粗糙，上举或开展；小穗卵状长圆形，顶端尖，无毛，有柄，顶端膨大，柄长于小穗。第一颖长约为小穗的 1/3；第二颖与小穗等长，具 11~13 脉。花果期 8~10 月。生于丘陵灌丛中或荒野路旁。

柳叶箬 *Isachne globosa* liǔ yè ruò

禾本科 柳叶箬属

多年生草本；高 30~60 cm；秆丛生，直立或基部节上生根而倾斜。叶鞘一侧边缘常具疣基毛；叶舌纤毛状；叶片披针形，两面均具微细毛而粗糙，边缘质地增厚，软骨质，全缘或微波状。圆锥花序卵圆形，盛开时抽出鞘外，分枝斜升或开展，每一分枝着生 1~3 小穗；小穗椭圆状球形，淡绿色，或成熟后带紫褐色。颖果近球形。花果期 5~9 月。生于河边草地。

稗 *Echinochloa crus~galli*（稗子）bài

禾本科 稗属

一年生草本；高 50~150 cm；秆光滑无毛，基部倾斜或膝曲。叶鞘平滑无毛；无叶舌；叶片条形，边缘粗糙。圆锥花序直立，近尖塔形；主轴具棱，粗糙或具疣基长刺毛；分枝斜上举或贴向主轴，有时再分小枝；穗轴粗糙或生疣基长刺毛；小穗卵形，密集在穗轴的一侧，顶端延伸成粗壮的芒。花果期 6~10 月。多生于沼泽地、沟边和河边。

西来稗 *Echinochloa crusgalli* var. *Zelayensis* xī lái bài

禾本科 稗属

稗的变种，与稗的主要区别：圆锥花序直立，分枝上不再分枝；小穗卵状椭圆形，顶端具小尖头而无芒，脉上无疣基毛，但疏生硬刺毛。花果期、生境同稗。

长芒稗 *Echinochloa caudata* cháng máng bài

禾本科 稗属

一年生草本；高 1~2 m；秆粗壮，高大。叶鞘无毛或常有疣基毛；无叶舌；叶片条形，两面无毛，边缘增厚而粗糙。圆锥花序稍下垂或弯向一侧；主轴粗糙，具棱，疏被疣基长毛；分枝密集，常再分小枝；小穗卵状椭圆形，常带紫色，脉上具硬刺毛，有时疏生疣基毛；小穗具长芒，绿色带紫色。花果期 6~10 月。生于河边湿润处。

野黍 *Eriochloa villosa* yě shǔ

禾本科 野黍属

一年生草本；高 30~100 cm；秆直立，丛生，基部分枝，稍倾斜。叶舌具纤毛；叶片扁平，表面具微毛，背面光滑，边缘粗糙。圆锥花序狭长，由 4~8 枚总状花序组成，密生柔毛，常排列于主轴之一侧；小穗卵状椭圆形；小穗柄极短，密生长柔毛。颖果卵圆形。花果期 7~10 月。生于山坡沟谷和水边湿润处。

雀稗 *Paspalum thunbergii* què bài

禾本科 雀稗属

多年生草本；杆直立，丛生，高 50~100 cm，节被长柔毛。叶鞘具脊，长于节间，被柔毛；叶片线形，两面被柔毛。总状花序 3~6 枚，互生于主轴上，形成总状圆锥花序，分枝腋间具长柔毛；小穗排列于穗轴一侧。花果期 8~10 月。生于沟谷、河边。

菵草 *Beckmannia syzigachne* wǎng cǎo

禾本科 雀稗属

一年生草本；高 15~90 cm；秆直立，具 2~4 节。叶鞘无毛；叶舌透明膜质；叶片扁平。圆锥花序长 10~30 cm，分枝稀疏，直立或斜升。小穗扁平，圆形，灰绿色，常含 1 小花。颖果黄褐色，长圆形。花果期 4~10 月。生于河边、湿地和水沟边。

马唐 *Digitaria sanguinalis*（蹲倒驴）mǎ táng

禾本科 马唐属

一年生草本；高 10~80 cm；秆直立或下部倾斜，膝曲上升。叶鞘短于节间；叶片线状披针形，边缘较厚。总状花序 4~12 枚呈指状；穗轴直伸或开展，两侧具宽翼；小穗椭圆状披针形；外稃无毛。花果期 6~11 月。生于路旁、田野。

毛马唐 *Digitaria ciliaris* var. *chrysoblephara*（熟草）máo mǎ táng

禾本科 马唐属

一年生草本；高 30~100 cm；秆基部倾卧，着土后节处易生根，具分枝。叶鞘多短于节间，常具柔毛；叶片线状披针形，两面多少生柔毛，边缘微粗糙。总状花序 4~10 枚，呈指状排列于秆顶；小穗披针形，成对着生于穗轴一侧；外稃具柔毛及疣基刚毛，成熟后，两种毛均平展张开。花果期 6~11 月。生于路旁、草丛。

大狗尾草 *Setaria faberi* dà gǒu wěi cǎo

禾本科 狗尾草属

一年生草本；高 50~120 cm；通常具支柱根；秆粗壮而高大、直立或基部膝曲，光滑无毛。叶鞘边缘具细纤毛；叶舌具密集的纤毛；叶片线状披针形，边缘具细锯齿。圆锥花序紧缩呈圆柱状，通常垂头，主轴具较密长柔毛，花序基部通常不间断，偶有间断；小穗椭圆形，下托以 1~3 枚较粗而直的刚毛，刚毛通常绿色，少具浅褐紫色，粗糙。颖果椭圆形，顶端尖。花果期 7~10 月。生于山坡、路旁或荒野。

狗尾草 *Setaria viridis*（莠、谷莠子）gǒu wěi cǎo

禾本科 狗尾草属

一年生草本；高 10~100 cm；秆直立或基部膝曲。叶鞘边缘具较长的密绵毛状纤毛；叶舌极短，有纤毛；叶片扁平，长三角状狭披针形或线状披针形，边缘粗糙。圆锥花序紧密呈圆柱状或基部稍疏离，直立或稍弯垂，主轴被较长柔毛，刚毛粗糙，直或稍扭曲，通常绿色或褐黄色到紫红色或紫色；小穗 2~5 个簇生于主轴上或更多的小穗着生在短小枝上，铅绿色。颖果灰白色。花果期 6~11 月。生于房前屋后、田边、路旁、荒野和山林。

金色狗尾草 *Setaria pumila* jīn sè gǒu wěi cǎo

禾本科 狗尾草属

一年生草本；高 20~90 cm；秆直立或基部倾斜膝曲，光滑无毛，仅花序下面稍粗糙。叶鞘下部扁压具脊，上部圆形，光滑无毛；叶舌具一圈纤毛；叶片线状披针形或狭披针形，上面粗糙，下面光滑。圆锥花序紧密呈圆柱状或狭圆锥状，直立，主轴具短细柔毛，刚毛金黄色粗糙。花果期 7~10 月。生于房前屋后、田边、路旁、荒野和山林。

狼尾草 *Pennisetum alopecuroides* láng wěi cǎo

禾本科 狼尾草属

多年生草本；高 30~120 cm；秆直立，丛生，在花序下密生柔毛。叶鞘光滑，两侧压扁；叶舌具纤毛；叶片线形，基部生疣毛。圆锥花序直立，主轴密生柔毛；刚毛粗糙，淡绿色或紫色；小穗通常单生，偶有双生，线状披针形。第一颖微小或缺；第二颖为小穗的一半；颖果长圆形。花果期 7~10 月。生于荒地、路旁、河边和沟边。

芒 *Miscanthus sinensis*（芒草、紫芒）máng

禾本科 芒属

多年生高大草本；高 1~2 m；秆丛生，粗壮。叶鞘无毛，长于其节间；叶舌膜质，顶端及其后面具纤毛；叶片长条形，下面疏生柔毛及被白粉，边缘粗糙。圆锥花序直立，由多数总状花序呈指状排列组成，节与分枝腋间具柔毛；分枝较粗硬，直立；小穗成对着生，小穗柄一长一短；基盘具丝状毛；第二外稃具 1 稍扭曲的芒。花果期 7~11 月。生于山地、丘陵和荒坡。

荻 *Miscanthus sacchariflorus* dí

禾本科 荻属

多年生高大草本；高 1~1.5 m；秆直立，粗壮，具 10 多节，节生柔毛。叶鞘无毛，长于或上部者稍短于其节间；叶舌短，具纤毛；叶片扁平，长条形，仅上面基部密生柔毛，边缘锯齿状粗糙，中脉白色；圆锥花序由多数总状花序呈指状排列组成，稍下垂。总状花序轴节间具短柔毛；小穗成对着生，小穗柄一长一短；小穗线状披针形，成熟后带褐色，基盘具长为小穗 2 倍的丝状柔毛。颖具长柔毛；外稃无芒或极短；颖果长圆形。花果期 8~10 月。生于田边、沟谷和河岸湿地。

白茅 *Imperata cylindrica* bái máo

禾本科 白茅属

多年生草本；高 30~80 cm；具粗壮的长根状茎；秆直立，具 1~3 节，节无毛。叶鞘聚集于秆基，甚长于其节间，老后破碎呈纤维状；叶舌膜质，紧贴其背部或鞘口具柔毛；分蘖叶片长，扁平，质地较薄；秆生叶片短，窄线形，通常内卷，顶端渐尖呈刺状，或具柄，质硬，被有白粉，基部上面具柔毛。圆锥花序稠密，密生白色丝状柔毛；颖果椭圆形。花果期 4~6 月。生于低山带平原河岸草地、沙质草甸、山坡。

大油芒 *Spodiopogon sibiricus* （山黄管、大荻）dà yóu máng

禾本科 大油芒属

多年生草本；高 70~150 cm；秆直立，具 5~9 节。叶鞘口具长柔毛；叶片条状披针形，中脉粗壮隆起。圆锥花序由数节总状花序组成；穗轴逐节断落，节间及小穗柄呈棒状；小穗草黄色或稍带紫色，成对着生，一有柄，一无柄；第二外稃具栗色且中部膝曲的芒。颖果长圆状披针形，棕栗色。花果期 7~10 月。生于山地、林缘、林下、路旁和灌草丛中。

油芒 *Spodiopogon cotulifer* yóu máng

禾本科 大油芒属

一年生草本；高达 180 cm，秆粗壮直立，秆节稍膨大；叶鞘无毛，下部者压扁成脊并长于其节间，上部者圆筒形较短于其节间。鞘口具柔毛；叶舌膜质，褐色，顶端具小纤毛，紧贴其背部具柔毛；叶片披针状线形，基部渐窄呈柄状，中脉粗壮。圆锥花序开展，长 15~30 cm，先端下垂；分枝轮生，细弱；小穗柄上部膨大；小穗具芒。花果期 9~11 月。生于山坡、山谷和荒地路旁。

莠竹 *Microstegium vimineum* yǒu zhú

禾本科 莠竹属

一年生草本；高达 1 m；秆下部匍匐于地面，节上生根，多分枝，无毛。叶鞘短于其节间，鞘口具柔毛；叶舌截形，背面生毛；叶片披针形，边缘粗糙，中脉白色，似竹叶。总状花序 2~6 枚，近指状排列于主轴上；小穗成对着生，一有柄，一无柄，无柄小穗有芒；雄蕊 3 枚，花药黄色。颖果长圆形。花果期 8~10 月。生于林下、林缘、沟谷、路旁与阴湿草地。

白羊草 *Bothriochloa ischaemum* bái yáng cǎo

禾本科 孔颖草属

多年生草本；高 25~70 cm；秆丛生。叶鞘多密集于基部，常短于节间；叶舌膜质，具纤毛；叶片狭条形，顶生者常缩短，两面疏生疣基柔毛或下面无毛。总状花序 4 至多数呈指状生于秆顶；小穗成对着生，一有柄，一无柄；无柄小穗顶端有芒，有柄小穗无芒，不孕。花果期 7~10 月。生于山地林缘和荒地、路旁、水边、灌草丛。

橘草 *Cymbopogon goeringii* jú cǎo

禾本科 香茅属

多年生草本；高 60~100 cm；具 3~5 节，节下被白粉或微毛。叶鞘无毛，下部者聚集秆基，内面棕红色，老后向外反卷；叶片条形，顶端长渐尖成丝状，边缘微粗糙。圆锥花序狭窄；由成对的总状花序托以佛焰苞而成；总状花序带紫色，向后反折；小穗成对生于各节；无柄小穗长圆状披针形，具白色的芒，中部膝曲；有柄小穗披针形。花果期 7~10 月。生于山坡草地、荒野和路旁。

黄背草 *Themeda triandra*（黄草）huáng bèi cǎo

禾本科 菅草属

多年生草本；高约 60 cm；秆直立，丛生。叶鞘压扁具脊，具瘤基毛；叶片条形，基部具瘤基毛。伪圆锥花序狭窄，由具线形佛焰苞的总状花序组成；总状花序由 7 小穗组成，下方两对，上方 3 枚；有柄小穗雄性；无柄小穗两性，具黑色膝曲的长芒。颖果长圆形。花果期 7~10 月。生于山坡灌丛、草地、荒野和路旁。

裂稃草 *Schizachyrium brevifolium*（短叶裂稃草）liè fū cǎo

禾本科 裂稃草属

一年生草本；高 10~70 cm；秆细弱，多分枝。叶鞘短于节间；叶舌短，上缘撕裂并具睫毛；叶片条形或长圆形，平展或对折，无毛，主脉在背部明显突出，幼时黄绿色后呈红褐色。总状花序纤细，下托以鞘状总苞；无柄小穗线状披针形，具膝曲、扭转的芒；有柄小穗顶端具直芒。颖果线形，扁平。花果期 8~10 月。生于山坡和林下草地等处。

矛叶荩草 *Arthraxon prionodes*（炮仗草）máo yè jìn cǎo

禾本科 荩草属

多年生草本；高 40~60 cm；秆较坚硬，丛生，直立或倾斜，常分枝，具多节；节着地易生根。叶鞘短于节间，无毛或疏生疣基毛；叶舌膜质，被纤毛；叶片披针形至卵状披针形，基部心形，抱茎，边缘通常具疣基毛，叶片常呈波状褶皱。总状花序 2 至数枚呈指状排列于枝顶，稍下垂；无柄小穗长圆状披针形，具芒；雄蕊 3，花药黄色；有柄小穗披针形，无芒。花果期 8~10 月。生于山坡、林缘和灌草丛中。

荩草 *Arthraxon hispidus*（绿竹）jìn cǎo

禾本科 荩草属

一年生草本；高 30~60 cm；秆基部倾斜，具多节，常分枝。叶鞘短于节间，生短硬疣毛；叶片卵状披针形，基部心形，抱茎，无毛。总状花序多数呈指状排列或簇生于秆顶，直立；无柄小穗卵状披针形，灰绿色或带紫色，具膝曲的芒；雄蕊 2，花药黄色或带紫色；有柄小穗退化仅到针状刺。颖果长圆形。花果期 8~10 月。生于沟谷、河边和阴湿处。

假稻 *Leersia japonica* jiǎ dào

禾本科 假稻属

多年生水生湿生草本；高 60~80 cm；秆下部伏卧地面，节处生根，上部向上斜升，节上密生倒毛。叶鞘短于节间；叶片披针形。圆锥花序，分枝平滑，直立或斜升，有角棱，稍压扁；小穗带紫色；具刺毛；雄蕊 6 枚，花药长 3 mm。花果期 6~10 月。生于池塘、河流、湖旁和湿地。

大牛鞭草 *Hemarthria altissima*（牛鞭草、脱节草）dà niú biān cǎo

禾本科 牛鞭草属

多年生草本；高达 1 m；有长而横走的根茎；秆一侧有槽。叶鞘边缘膜质，鞘口具纤毛；叶舌膜质，白色，上缘撕裂状；叶片线形，两面无毛。总状花序单生或簇生；果序成熟时红褐色，节节断裂而脱落。花果期 8~10 月。生于湖边和河滩等湿润处。

（张海森摄）

求米草 *Oplismenus undulatifolius* qiú mǐ cǎo

禾本科 求米草属

多年生草本；高 20~50 cm；秆纤细，基部平卧地面，节处生根。叶鞘密被疣基毛；叶舌膜质，短小；叶片扁平，披针形至卵状披针形，常呈波状褶皱，亮绿色。圆锥花序狭窄，主轴密被疣基长刺柔毛；小穗卵圆形，被硬刺毛，簇生于主轴或部分孪生；雄蕊 3；花柱基分离。花果期 7~10 月。生于山地林下、林缘、沟谷及阴湿处。

（张海森摄）

伞形类植物

北柴胡 *Bupleurum chinense* běi chái hú

伞形科 柴胡属

多年生草本；高 50~85 cm；主根较粗大，棕褐色；茎单生或丛生，上部多回分枝，微作之字形曲折。基生叶倒披针形或狭椭圆形，基部收缩成柄；茎中上部披针形，有短芒尖头，基部收缩成叶鞘抱茎，叶表面鲜绿色，背面淡绿色，常有白霜。复伞形花序多数，形成疏松的圆锥状；花瓣鲜黄色，上部向内折，中肋隆起，小舌片矩圆形，顶端 2 浅裂。果广椭圆形，两侧略扁，棱狭翼状。花果期 7~9 月。生于山坡灌草丛中。

铜山阿魏 *Ferula licentiana* var. *tunshanica* （山芫荽）tóng shān ā wèi

伞形科 阿魏属

多年生草本；高 60~120 cm；全株无毛；茎细，单一。基生叶有柄，叶片三至四回羽状全裂，小裂片披针形；茎生叶向上简化，至上部无叶片，叶鞘披针形，抱茎。复伞形花序生于茎枝顶端；伞辐数目 3~7，较短；小伞形花序有花 7~11；萼齿三角形；花瓣黄色，卵状披针形，顶端向内弯曲。分生果长圆形或长圆状倒卵形，背腹扁压，背部突起，浅褐色，果棱丝状突起。花果期 5~7 月。生于山地阳坡。

小窃衣 *Torilis japonica* （破子草）xiǎo qiè yī

伞形科 窃衣属

一年生或二年生草本；高达 1.2 m；茎有纵条纹及刺毛。叶片一至二回羽状分裂，两面疏生紧贴的粗毛，羽片披针形至长圆形。复伞形花序顶生或腋生，有倒生的刺毛；总苞片通常线形；有向上的刺毛；花瓣白色，倒圆卵形，顶端内折。双悬果圆卵形，通常有内弯或呈钩状的皮刺。花果期 7~9 月。生于杂木林下、林缘、路旁、河沟边以及溪边草丛。

水芹 *Oenanthe javanica* （野芹菜、水芹菜） shuǐ qín

伞形科 水芹属

多年生草本；高 15~80 cm。基生叶有柄，基部有叶鞘；叶一至二回羽状分裂，末回裂片卵形至菱状披针形，边缘有牙齿或圆齿状锯齿；茎上部叶无柄，裂片和基生叶的裂片相似，较小。复伞形花序顶生；无总苞；伞辐不等长；小伞形花序有花 20 余朵；花瓣白色，倒卵形，有一长而内折的小舌片。花期 7~8 月，果期 9~10 月。生于浅水低洼处或池沼、水沟旁。

线叶水芹 *Oenanthe linearis* （细叶水芹、中华水芹） xiàn yè shuǐ qín

伞形科 水芹属

多年生草本。叶片一至二回羽状分裂，末回裂片楔状披针形或线状披针形，边缘羽状半裂或全缘。复伞形花序顶无总苞；伞辐不等长；小总苞片线形，长与花柄相等；花瓣白色，倒卵形，顶端有内折的小舌片。果实圆筒状长圆形，侧棱略较中棱和背棱为厚；棱槽窄狭；花果期 6~8 月。生于河边、山坡路旁湿地。

蛇床 *Cnidium monnieri* （蛇床子）shé chuáng

伞形科 蛇床属

一年生草本；高 10~60 cm；茎中空，多分枝，表面具深条棱，粗糙。下部叶具短柄，叶鞘短宽，上部叶柄全部鞘状；叶片轮廓卵形至三角状卵形，二至三回三出式羽状全裂，羽片轮廓卵形至卵状披针形，边缘及脉上粗糙。复伞形花序；伞辐不等长，棱上粗糙；花瓣白色，先端具内折小舌片。双悬果长圆状，具 5 棱，均扩大成翅。花期 4~7 月，果期 6~10 月。生于田边、路旁、草地及河边湿地。

拐芹 *Angelica polymorpha* （拐芹当归）guǎi qín

伞形科 当归属

多年生草本；高 0.5~1.5 m；茎单一，曲折，中空，有浅沟纹，节处常紫色。叶二至三回三出式羽状分裂，叶片轮廓为卵形至三角状卵形；茎上部无叶或有带小叶、略膨大的叶鞘。复伞形花序，花序梗、伞辐和花柄密生短糙毛；花瓣匙形至倒卵形，白色。双悬果长圆形，背棱短翅状，侧棱膨大成膜质的翅。花期 8~9 月，果期 9~10 月。生于山沟溪流旁、杂木林下、灌丛间及阴湿草丛中。

短毛独活 *Heracleum moellendorffii*（老桑芹）duǎn máo dú huó

伞形科 独活属

多年生草本；高 1~2 m；茎有棱槽，上部开展分枝。叶片轮廓广卵形，三出式分裂，裂片广卵形至圆形、心形、不规则的 3~5 裂，裂片边缘具粗大的锯齿；茎上部叶有显著宽展的叶鞘。复伞形花序顶生和侧生；伞辐不等长；花瓣白色，二型；花序外轮花瓣增大。双悬果圆状倒卵形，顶端凹陷，背部扁平，背棱和中棱线状突起，侧棱宽阔。花期 7 月，果期 8~10 月。生于阴坡山沟旁、林缘或草甸。

（张海森摄）

变豆菜 *Sanicula chinensis*（鸭脚板）biàn dòu cài

伞形科 变豆菜属

多年生草本；高达 1 m；茎直立，有纵沟纹。基生叶少数，通常 3 裂，中间裂片倒卵形，两侧裂片通常各有 1 深裂，边缘有大小不等的重锯齿；叶柄基部有透明的膜质鞘；茎生叶逐渐变小。伞形花序 2~3 出；花瓣白色或绿白色，顶端内折。果实圆卵形，顶端萼齿成喙状突出，皮刺直立，顶端钩状。花果期 8~10 月。生于阴湿的山坡路旁、杂木林下、溪边草丛。

毒芹 *Peucedanum wawrae*（宽叶毒芹）dú qín

伞形科 毒芹属

多年生粗壮草本；高 70~100 cm；茎圆筒形，中空，有条纹，基部有时略带淡紫色，上部有分枝，枝条上升开展。基生叶柄长，茎生叶柄短；叶片二至三回羽状分裂；裂片线状披针形或窄披针形。复伞形花序顶生或腋生；小伞形花序呈球形；花瓣白色。双悬果近卵圆形，合生面收缩，主棱阔，木栓质。花果期 4~7 月。常生于杂木林下、湿地或水沟边。

辽藁本 *Conioselinum smithii*（热河藁本）liáo gǎo běn

伞形科 山芎属

多年生草本；高 30~80 cm；茎直立，圆柱形，中空，具纵条纹，常带紫色，上部分枝。叶片轮廓宽卵形，二至三回三出式羽状全裂，羽片 4~5 对，轮廓卵形；小羽片 3~4 对，卵形，边缘常 3~5 浅裂。复伞形花序顶生或侧生；伞辐 8~10，内侧粗糙；小伞形花序具花 15~20；花柄不等长，内侧粗糙；花瓣白色，具内折小舌片。双悬果背腹扁压，椭圆形，背棱突起，侧棱具狭翅。花期 8 月，果期 9~10 月。生于林下、草甸及沟边等阴湿处。

泰山前胡 *Peucedanum wawrae* tài shān qián hú

伞形科 前胡属

多年生草本；高 30~100 cm；根颈存留有枯鞘纤维；茎圆柱形，有细纵条纹，无毛。基生叶具柄，基部有叶鞘，抱茎；叶片轮廓三角状扁圆形，二至三回三出分裂，两面光滑无毛；茎上部叶近于无柄，但有叶鞘，分裂次数减少。复伞形花序顶生和侧生，分枝很多，花序梗及伞辐均有极短茸毛，伞辐 6~8，不等长；小伞形花序有花 10 余，花瓣白色，花柱细长外曲。分生果卵圆形至长圆形，背部扁压，有茸毛。花期 8~10 月，果期 9~11 月。生于山坡草丛中和林缘路旁。

石防风 *Kitagawia terebinthacea* shí fáng fēng

伞形科 石防风属

多年生草本；高 30~120 cm；根颈上部存留棕色叶鞘纤维；茎具纵条纹，有短柔毛，基部分枝。基生叶有长柄，具糙毛；叶片轮廓三角状卵形，二回羽状全裂；叶脉基部有糙毛；茎生叶与基生叶同形，但较小，无叶柄，仅有宽阔叶鞘抱茎。复伞形花序多分枝，花序梗顶端有茸毛或糙毛；伞辐 8~20，内侧多糙毛；花瓣白色，倒心形。果椭圆形，背腹扁，背棱线形突起，侧棱厚翅状。花期 7~9 月，果期 9~10 月。生于山坡草地、林下及林缘。

叶片全部为基生或近基部着生

白头翁 *Pulsatilla chinensis*（老姑子花、老公花）bái tóu wēng

毛茛科 白头翁属

多年生草本；高 15~35 cm；全株被长柔毛。基生叶 4~5，通常在开花时刚刚生出，有长柄；叶片宽卵形，3 全裂，全缘或有齿，背面有长柔毛；叶柄密生长柔毛。花直立；无瓣，萼片蓝紫色，长圆状卵形，背面有密柔毛。瘦果纺锤形，扁，有长柔毛；花期 4~5 月，果期 5~6 月。生于山地、灌草丛中。

角茴香 *Hypecoum erectum* jiǎo huí xiāng

罂粟科 角茴香属

一年生小草本；高 15~30 cm；花茎圆柱形，较多，二歧状分枝。叶基生，叶片多回羽状细裂，裂片线形；叶柄细，基部扩大成鞘。二歧聚伞花序多花；苞片钻形；萼片卵形，先端渐尖，全缘；花瓣淡黄色，先端 3 浅裂，外面两个花瓣较大，里面两个较小。蒴果长圆柱形，成熟时分裂成 2 果瓣。花果期 5~8 月。生于山坡灌丛。

（刘冰摄）

小药巴蛋子 *Corydalis caudata*（小药八旦子）xiǎo yào bā dàn zǐ 罂粟科 紫堇属

多年生小草本；高约 15~20 cm；块茎圆球形或长圆形。叶一至三回三出，具细长的叶柄和小叶柄；叶柄基部常具叶鞘；小叶圆形至椭圆形，有时浅裂，下部苍白色。总状花序具 3~8 花，疏离；花蓝色或紫蓝色。蒴果卵圆形至椭圆形，具 4~9 种子。种子光滑，具狭长的种阜。花果期 3~5 月。生于山坡沟谷或林缘。

球果堇菜 *Viola collina* qiú guǒ jǐn cài 堇菜科 堇菜属

多年生草本；花期高 4~9 cm，果期高可达 20 cm。叶均基生；叶片心形或近圆形，边缘具浅而钝的锯齿，两面密生白色短柔毛；叶柄具狭翅，被倒生短柔毛；托叶披针形，基部与叶柄合生，边缘具睫毛。花梗的中部或中部以上有 2 枚小苞片；花瓣淡紫色，有时近白色，下方花瓣有距。蒴果球形，密被白色柔毛，成熟时果梗通常向下方弯曲接近地面。花果期 3~6 月。生于林下或林缘、灌丛、草坡、沟谷及路旁较阴湿处。

紫花地丁 *Viola philippica* zǐ huā dì dīng

堇菜科 堇菜属

多年生草本；高 4~20 cm；无地上茎。叶多数，基生，莲座状；叶片下部者通常较小，呈长圆形、狭卵状披针形，边缘具较平的圆齿；叶柄较粗壮，上部有极狭的翅。花紫堇色或淡紫色，喉部色较淡并带有紫色条纹，下方花瓣距较细。蒴果长圆形，熟时 3 瓣裂。花果期 3~6 月。生于田间、荒地、山坡草丛、林缘或灌丛中。

白花东北堇菜 *Viola mandshurica* f. *albiflora* bái huā dōng běi jǐn cài

堇菜科 堇菜属

多年生草本；高 6~18 cm；根状茎缩短，垂直，呈暗褐色，常自一处发出数条较粗壮的褐色长根，向下斜伸或有时稍横生。叶基生，长圆形至卵状披针形，花后叶片渐增大，呈长三角形，稍呈戟形；叶柄上部具狭翅。花白色，花瓣有紫色脉纹，侧方花瓣里面基部有长须毛；花梗常超出于叶，在中部以下或近中部处具 2 枚线形苞片；萼片基部附属物短而较宽。蒴果长圆形，先端尖。花果期 4 月下旬至 9 月。生于草地、草坡、灌丛、林缘、疏林下、田野荒地及河岸沙地等处。

早开堇菜 *Viola prionantha* zǎo kāi jǐn cài

堇菜科 堇菜属

多年生草本；花期高 3~10 cm，果期高可达 20 cm；无地上茎。叶多数，均基生；叶片长圆状卵形至卵状披针形，边缘密生细圆齿；叶柄较粗壮，上部有狭翅。花大，紫色，有时淡紫色或白色，喉部色淡并有紫色条纹，下方花瓣有距。蒴果长圆形，熟时 3 瓣裂。花果期 3~9 月。生于山坡草地、沟边、宅旁等向阳处。

裂叶堇菜 *Viola dissecta* liè yè jǐn cài

堇菜科 堇菜属

多年生草本；花期高 3~17 cm，果期高 4~34 cm。叶均基生；叶片轮廓呈肾形，3~5 全裂，两侧裂片具短柄，常 2 深裂，中裂片 3 深裂。花紫色至淡紫色；萼片长圆状卵形或披针形，基部附属物短；最下方花瓣有明显的距。蒴果长圆形，先端尖，熟时 3 瓣裂。花果期 4~6 月。生于山坡草地、杂木林缘、灌丛下及田边、路旁等地。

北京堇菜 *Viola pekinensis* běi jīng jǐn cài

堇菜科 堇菜属

多年生草本；高达 6~8 cm；无地上茎。叶基生，莲座状；叶片圆形或卵状心形，长宽近相等，边缘具波状齿，齿端向前弯。花梗高出于叶；花淡紫色，有时近白色；萼片披针形或卵状披针形，基部具明显伸长的附属物，末端浅裂。蒴果无毛。花果期 3~6 月。生于阔叶林林下或林缘草地。

蒙古堇菜 *Viola mongolica*（河北堇菜）méng gǔ jǐn cài

堇菜科 堇菜属

多年生草本；高 5~9 cm，果期高可达 17 cm；花期通常宿存去年残叶。叶数枚，基生；叶片卵状心形或心形，边缘具钝锯齿，两面被短柔毛；叶柄具狭翅；萼片椭圆状披针形，基部附属物浅齿裂，具缘毛。花白色，距向上弯曲，下部花瓣有时具紫色条纹。蒴果卵形，无毛，熟时 3 瓣裂。花果期 4~8 月。生于山地林下、林缘。

西山堇菜 *Viola hancockii*（房山堇菜）xī shān jǐn cài

堇菜科 堇菜属

多年生草本；高 10~15 cm；无地上茎。叶多数，基生；叶片卵状心形，长略大于宽，边缘具整齐钝锯齿，叶脉明显隆起；叶柄狭细，无翅。花近白色，大形，喉部有蓝紫色条纹；花梗通常不高出于叶，或有时稍高于叶；萼片披针形或宽披针形。蒴果长圆状，无毛。花果期 3~6 月。生于阴坡阔叶林林下、林缘、山村附近水沟边。

细距堇菜 *Viola tenuicornis*（弱距堇菜）xì jù jǐn cài

堇菜科 堇菜属

多年生草本；高 2~13 cm。叶全部基生，叶片卵形或宽卵形，边缘具浅圆齿，两面皆为绿色；叶柄细弱；托叶 2/3 与叶柄合生，离生部分线状披针形，边缘疏生流苏状短齿。花紫堇色；花梗细弱，稍超出或不超出于叶，在中部或中部稍下处有 2 枚线形小苞片；萼片通常绿色或带紫红色，披针形，具 3 脉，基部附属物短；距圆筒状，较细或稍粗，末端圆而向上弯。蒴果椭圆形，无毛。花果期 4~9 月。生于山坡草地较湿润处、灌木林中、林下或林缘。

斑叶堇菜 *Viola variegata* bān yè jǐn cài

堇菜科 堇菜属

多年生草本；高 3~12 cm；无地上茎。叶多数，基生；叶片卵状心形，边缘具平而圆的钝锯齿，上面绿色，沿叶脉有白色斑纹，下面常带紫色，花后叶片增大。花紫色或淡紫色；萼片披针形或卵状披针形，基部附属物较短。蒴果椭圆形，无毛。两次开花，花果期 3~6 月、9~10 月。生于山坡草地、林下、林缘、灌丛或阴处石缝中。

二色棘豆 *Oxytropis bicolor*（地角儿苗）èr sè jí dòu

豆科 棘豆属

多年生草本；高达 20 cm；植株各部密被白色长柔毛。轮生羽状复叶，小叶 4 片轮生，线状披针形或披针形，边缘常反卷，两面密被绢状长柔毛。蝶形花花冠紫红色、蓝紫色，中部黄色，龙骨瓣先端具喙。荚果几革质，稍坚硬，卵状长圆形，先端具长喙，密被长柔毛；种子宽肾形，暗褐色。花果期 5~8 月。生于山坡、砂地、路旁及荒地。

米口袋 *Gueldenstaedtia verna* mǐ kǒu dài

豆科 米口袋属

多年生草本；根圆锥状，无地上茎。叶、托叶、花萼、花梗及荚果均有长柔毛；奇数羽状复叶，早春生的小叶卵形，夏秋的线形。伞形花序具 4~6 朵花；苞片及小苞片披针形；萼筒钟状，上 2 萼齿最大，下 3 萼齿较狭小；花冠紫色。荚果圆筒状，成熟后开裂。种子肾形。花期 4 月，果期 5~6 月。生于向阳的山坡、草地等处。

旋蒴苣苔 *Dorcoceras hygrometricum* xuán shuò jù tái

苦苣苔科 旋蒴苣苔属

多年生草本。叶基生，莲座状，无柄，近圆形或卵形，上面被白色贴伏长柔毛，两面被毛，边缘具牙齿或波状浅齿。聚伞花序伞状，2~5 条，每花序具 2~5 花；花序梗被淡褐色短柔毛和腺状柔毛；花冠淡蓝紫色，唇形。蒴果长圆形，外面被短柔毛，熟时开裂，果瓣螺旋状扭曲。花果期 7~9 月。生于山坡、沟谷、路旁的岩石上。

点地梅 *Androsace umbellata* （喉咙草）diǎn dì méi

报春花科 点地梅属

一年生或二年生草本；高约 15 cm；叶、花葶、花梗、花萼全被短柔毛。叶全部基生，叶片近圆形或卵圆形，边缘具三角状钝牙齿；花葶数枚自叶丛中抽出。伞形花序 4~15 花；花梗纤细；花萼杯状，分裂近达基部，裂片菱状卵圆形；花冠白色，基部合生成筒状，喉部黄色。蒴果近球形。花果期 3~6 月。生于林缘、草地、疏林下、田边或路旁。

平车前 *Plantago depressa* （车辙子）píng chē qián

车前科 车前属

一年生或二年生草本；直根系。叶基生，呈莲座状；叶片椭圆形至卵状披针形，边缘具锯齿，纵脉 5~7 条，叶脉下陷，背面明显隆起；叶柄短，基部扩大成鞘状。花序梗有纵条纹；穗状花序细圆柱状；花冠白色，花后反折；雄蕊与花柱明显外伸。蒴果卵状椭圆形，于基部上方周裂。花果期 4~10 月。生于草地、河滩、沟边、草甸、田间及路旁。

车前 *Plantago asiatica*（猪耳朵）chē qián

车前科 车前属

二年生或多年生草本；须根系。叶基生，呈莲座状；叶宽卵形至宽椭圆形，边缘波状、全缘或中部以下有锯齿。花序多数，直立或弓曲上升；穗状花序短粗；花具短梗；花冠白色，无毛，具明显的中脉，花后反折；雄蕊与花柱明显外伸。蒴果卵球形于基部上方周裂。花果期 4~10 月。生于草地、沟边、河岸湿地、田边、路旁或村边空旷处。

大车前 *Plantago major* dà chē qián

车前科 车前属

二年生或多年生草本；须根系。叶基生，呈莲座状；叶片宽卵形至宽椭圆形，边缘波状、疏生不规则牙齿或近全缘；叶柄较长，基部鞘状。穗状花序细圆柱状，较长，基部常间断；花无梗；花冠白色，花后反折；雄蕊与花柱明显外伸。蒴果卵球形中部或稍低处周裂。花果期 6~10 月。生于草地、草甸、河滩、沟边、沼泽地、山坡路旁、田边或荒地。

北美车前 *Plantago virginica*（毛车前）běi měi chē qián

车前科 车前属

一年生或二年生草本；直根纤细，有细侧根；叶、花序梗均密被白色柔毛。叶基生，呈莲座状，平卧至直立；叶片倒披针形至倒卵状披针形，边缘波状，疏生牙齿或近全缘，基部狭楔形，下延至叶柄。花序 1 至多数；花序梗较纤细，有纵条纹，中空；穗状花序细圆柱状，长 3~18 cm，下部常间断；花冠淡黄色；花两型。蒴果卵球形，于基部上方周裂。花果期 3~6 月。生于铁路附近的路边、花坛中、田边。

长叶车前 *Plantagolanceolata*（窄叶车前、欧车前、披针叶车前）cháng yè chē qián

车前科 车前属

多年生草本；直根粗。叶基生，呈莲座状，无毛或散生柔毛；叶片披针形；基部略扩大成鞘状，有长柔毛。花序梗有明显的纵沟槽，棱上多少贴生柔毛；穗状花序幼时通常呈圆锥状卵形，成长后变短圆柱状或头状；花冠白色；雄蕊与花柱明显外伸。蒴果狭卵球形。花果期 5~7 月。生于路边、荒地。

大丁草 *Leibnitzia anandria* dà dīng cǎo

菊科 大丁草属

多年生草本。叶基生，呈莲座状，叶片形状多变异，通常为倒披针形或倒卵状长圆形，顶端常具短尖头，边缘具齿、深波状或琴状羽裂，两面被毛；叶柄被白色绵毛；花葶棒状，被蛛丝状毛，毛愈向顶端愈密；苞叶线状钻形。头状花序单生，有春秋两型，春季型具舌状花，舌片白色带紫红色；秋季型只有管状花，不开放，直接结实。瘦果纺锤形，具纵棱；冠毛粗糙，污白色。花期 3~4 月；果期 4~5 月，9~10 月。生于山坡、林下、林缘或沟谷岩石上。

中华苦荬菜 *Ixeris chinensis* （小苦苣、苦菜、中华小苦荬）zhōng huá kǔ mǎi cài

菊科 苦荬菜属

多年生草本；高 5~47 cm；全株无毛，具乳汁。基生叶长椭圆形、倒披针形、线形或舌形，基部渐狭成有翼的叶柄，不裂或羽状开裂，侧裂片长三角形，向基部的侧裂片常为锯齿状；茎生叶少，长披针形或长椭圆状披针形，不裂，边缘全缘，基部扩大，耳状抱茎。头状花序通常在茎枝顶端排成伞房花序；总苞圆柱状；舌状花，黄色或白色，先端有裂齿。瘦果褐色，冠毛白色，微糙。花果期 4~8 月。生于山坡路旁、田野、河边灌丛或石缝中。

蒲公英 *Taraxacum mongolicum*（婆婆丁）pú gōng yīng

菊科 蒲公英属

多年生草本；高 8~25 cm；具乳汁。叶形变化极大，倒卵状披针形至长圆状披针形，边缘具波状齿或羽状深裂，或大头羽状深裂，全缘或具齿。花葶 1 至数个，密被蛛丝状柔毛；头状花序生于花葶顶部；总苞钟状；苞片披针形，先端紫红色，具角状突起；舌状花，黄色，先端有裂齿。果序成球状冠毛白色。花果期 4~10 月。生于山坡草地、路边、田野和河滩。

东北南星 *Arisaema amurense*（天南星）dōng běi nán xīng

天南星科 天南星属

多年生草本；高 30~60 cm；块茎扁球形，直径达 3 cm。鳞叶 2，膜质，鞘状，包围叶柄基部；叶 1 枚，叶片鸟足状分裂，裂片 5（幼叶 3），裂片倒卵形或卵状椭圆形，边全缘或微波状，有小叶柄；叶柄圆柱形，绿色带紫晕，下部 1/3 有鞘。雌雄异株；总花梗短于叶柄，佛焰苞绿色或带紫色而有白色条纹；肉穗花序单性；雄花序花疏，雄花有短柄；雌花序短圆锥形，附属体棍棒状，有柄。浆果成熟时红色。 花果期 5~9 月。生于背阴山坡、林缘、林下、山沟石缝。

（张海森摄）

（张海森摄）

半夏 *Pinellia ternata*（土半夏）bàn xià

天南星科 半夏属

多年生草本；块茎圆球形，径 1~1.5 cm。叶基生，1~5 枚；叶柄长 15~20 cm；幼苗叶片卵状心形至戟形，单叶；老株叶片掌状 3 全裂，裂片长圆状椭圆形或披针形。花序柄长达 25 cm，长于叶柄；佛焰苞绿色，管部狭圆柱形；檐部长圆形，绿色，有时边缘青紫色；肉穗花序，雄花在上，雌花序在下，不连接；附属器绿色变青紫色，直立，有时“S”形弯曲。浆果卵圆形。花果期 6~9 月。生于林缘、林下和田边等湿润处。

虎掌 *Pinellia pedatisecta*（掌叶半夏）hǔ zhǎng

天南星科 半夏属

多年生草本；有圆球形块茎，直径可达 4 cm；块茎四旁常生若干小球茎。叶 1~3 或更多，叶柄长 20~70 cm，下部具鞘；叶片鸟足状分裂，裂片 6~11，披针形，中裂片长，两侧裂片依次渐短小；侧脉在叶片边缘弧曲，连结为集合脉。花序柄长 20~50 cm，直立；佛焰苞淡绿色，管部长圆形；檐部长披针形；肉穗花序；附属器黄绿色，细线形。浆果卵圆形。花果期 6~10 月。生于林下、山谷或河谷阴湿处。

山麦冬 *Liriope spicata*（麦冬） shān mài dōng

天门冬科 山麦冬属

多年生草本；具地下匍匐茎；根稍粗，近末端处常膨大成肉质小块根。叶长条形，长25~60 cm，上面深绿色，背面粉绿色，具5条脉，边缘具细锯齿。总状花序具多数花；花通常2~5朵簇生于苞片腋内；苞片小，披针形；花梗直立；花被片矩圆形或矩圆状披针形，淡紫色或淡蓝色；花药与花丝近等长。果球形，熟时黑色。种子近球形。花果期5~10月。生于山坡、山谷林下、路旁或湿地；现多为栽培观赏植物。

绵枣儿 *Liriope spicata* mián zǎo ér

天门冬科 绵枣儿属

多年生草本；鳞茎卵球形，鳞茎皮黑褐色。基生叶通常2~5枚，狭带状，柔软，长15~40 cm。花葶通常比叶长；总状花序具花多数；花紫红色、粉红色至白色；花梗基部有1~2枚较小的、狭披针形苞片；花被片近椭圆形至狭椭圆形，基部稍合生而成盘状；雄蕊生于花被片基部；花丝近披针形，边缘和背面常多少具小乳突；子房3室，每室1个胚珠。果近倒卵形；种子黑色，矩圆状狭倒卵形。花果期7~10月。生于山坡、草地、路旁或林缘。

黄花菜 *Hemerocallis citrina*（金针菜、金针花）huáng huā cài

阿福花科 萱草属

多年生草本；叶 7~20 枚，长 50~130 cm，宽 6~25 mm。花葶长短不一，一般稍长于叶，基部三棱形，上部多少圆柱形，有分枝；苞片披针形；花梗较短；花多数；花被淡黄色，有时在花蕾时顶端带黑紫色；花被管长 3~5 cm，花被裂片长 7~12 cm，内三片宽 2~3 cm。蒴果钝三棱状椭圆形。种子黑色，有棱。花果期 5~10 月。生于山坡、山谷、荒地或林缘。

野韭 *Allium ramosum* yě jiǔ

石蒜科 葱属

多年生草本；鳞茎近圆柱状，外皮暗黄色至黄褐色，破裂成纤维状。叶三棱状条形，背面具隆起的纵棱，中空，比花序短。花葶圆柱状，高 25~60 cm，具纵棱；伞形花序半球状或近球状，多花；花白色，稀淡红色；花被片 2 轮，具红色中脉；花丝短于花被片。蒴果瓣近圆形。花果期 6~9 月。生于向阳山坡、草坡或草地上。

（张海森摄）

泰山韭 *Allium taishanense* tài shān jiǔ

石蒜科 葱属

多年生草本；鳞茎单生或少数聚生，近圆柱状，外皮灰黑色，内皮白色，不破裂。叶宽条形，自中部向两端收狭，背面具 1 纵棱。花葶圆柱状，22~27 cm；伞形花序近半球状，多花，松散；花淡红色至白色；花被片两轮，卵状矩圆形，内轮略长；花丝略长于花被片；花柱伸出花被外。花果期 9~10 月。生于山坡、沟谷、林下和草丛。

细叶韭 *Allium tenuissimum* xì yè jiǔ

石蒜科 葱属

多年生草本；鳞茎数枚聚生，近圆柱状，外皮紫褐色至灰黑色，常顶端不规则地破裂。叶近圆柱状，光滑，与花葶近等长。花葶圆柱状，高 10~50 cm；具细纵棱，光滑；总苞单侧开裂，宿存；伞形花序半球状或近扫帚状，松散；花白色或淡红色；雌雄蕊不伸出花被。花果期7~10 月。生于向阳干旱的山坡、草地或沙丘上。

矮齿韭 *Allium brevidentatum* ǎi chǐ jiǔ

石蒜科 葱属

多年生草本；鳞茎单生，圆柱状，外皮棕色，里面淡褐色，先端不规则开裂。叶条形，扁平，长于花葶。花葶 20~30 cm，圆柱状，上部具细棱；伞形花序花稀疏；花被两轮，黄绿色；雄蕊伸出花被，花丝在基部合生并贴生于花被片，外部的钻形，内部扩大成圆柱形，基部两侧各有 1 齿；花被片及花丝宿存。花果期 9~10 月。生于向阳的山坡草丛。

薤白 *Allium macrostemon* （小根蒜、藠头、独头蒜）xiè bái

石蒜科 葱属

多年生草本；鳞茎近球状，外皮带黑色，内皮白色。叶 3~5 枚，半圆柱状，中空，上面具沟槽，比花葶短。花葶圆柱状，高 30~70 cm；伞形花序半球状至球状，具多而密集的花，或间具珠芽或有时全为珠芽，珠芽暗紫色；花淡紫色或淡红色；花被片矩圆状卵形至矩圆状披针形；花柱伸出花被外。花果期 5~7 月。生于山坡、丘陵、山谷或草地上。

黄花葱 *Allium condensatum* huáng huā cōng

石蒜科 葱属

多年生草本；鳞茎狭卵状柱形至近圆柱形，外皮红褐色，有光泽，条裂。叶圆柱状或半圆柱状，上面具纵沟槽，中空，比花葶短。花葶圆柱状，实心，高 30~90 cm；伞形花序，球状，花多而密集；花淡黄色或白色；花被片两轮，卵状矩圆形，内轮的略长；花丝比花被片长，锥形；子房倒卵球状；花柱伸出花被外。花果期 7~9 月。生于山坡或草地上。

（李光敏摄）

老鸦瓣 *Amana edulis*（山慈姑）lǎo yā bàn

百合科 老鸦瓣属

多年生小草本；鳞茎卵形，外皮纸质。叶片 2，长条形，远比花长。花单朵顶生，靠近花的基部具 2 枚对生或者 3 枚轮生的苞片，苞片狭条形，长 2~3 cm；花被片 6，两轮，狭椭圆状披针形，白色，背面有紫红色纵条纹；雄蕊 3 长 3 短；子房长椭圆形。蒴果近球形，有长喙。花果期 3~5 月。生山坡草地、林缘或路旁。

野鸢尾 *Iris dichotoma*（白射干）yě yuān wěi

鸢尾科 鸢尾属

多年生草本。叶扁平，先端外弯呈镰刀形，排成一平面。花茎高 40~60 cm；花序生于分枝顶端；花近白色，有时蓝紫色，有蓝紫色及棕褐条纹和斑点；外轮花被裂片上部向外反折，内轮花被裂片顶端微凹；花柱分枝扁平，花瓣状，顶端裂片狭三角形。蒴果圆柱形或略弯曲。花果期 7~10 月。生于砂质草地、山坡石隙等向阳干燥处。

紫苞鸢尾 *Iris ruthenica*（矮紫苞鸢尾）zǐ bāo yuān wěi

鸢尾科 鸢尾属

多年生低矮草本；植株基部具去年枯死的叶鞘纤维。叶条形，灰绿色，基部鞘状。花茎纤细，略短于叶，高 15~20 cm；苞片 2 枚，绿色，边缘带红紫色；花被片 6 枚，两轮，花蓝紫色，外轮花被中部白色带蓝紫色的斑纹，内轮花被直立，狭倒披针形；花柱分枝 3，扁平，花瓣状，顶端 2 裂。蒴果卵圆形。花果期 4~8 月。生于山地林下和林缘。

矮鸢尾 *Iris kobayashii* ǎi yuān wěi

鸢尾科 鸢尾属

多年生密丛草本；植株基部围有残留折断的老叶叶鞘，黄褐或棕褐色。叶略扭曲，狭条形，无明显的中脉。花茎短，一般不伸出地面；花淡黄色，带紫色斑点；花被管细长，外花被裂片狭倒披针形，上部向外反折，爪部狭楔形，呈沟状，内花被裂片狭倒披针形，直立。蒴果长圆形，有 6 条突起的肋，顶端有短喙。花果期 4~7 月。生于干燥的山坡。

羊耳蒜 *Liparis campylostalix* yáng ěr suàn

兰科 羊耳蒜属

多年生小草本。叶 2 枚，卵形或卵状长圆形，基部成鞘状柄。花葶长达 25 cm，花序具数朵至 10 余花；花淡黄色或带紫色；中萼片线状披针形，侧萼片略斜歪，花瓣丝状；唇瓣倒卵形，中部常缢缩，不分裂，先端边缘有短尖；合蕊柱短，顶端具钝翅。蒴果倒卵形，无毛。花果期 6~9 月。生于林下岩石积土上或林下草地。

（张海森摄）

（张海森摄）

绶草 *Spiranthes sinensis*（盘龙参、一线香）shòu cǎo

兰科 绶草属

多年生小草本；植株细弱。近基部生 2~5 枚叶；叶片条形或倒卵状披针形。总状花序顶生，长 5~15 cm，具多数密生的花；花小，钟状，紫红色、粉红色或白色，在花序轴上呈螺旋状排生；花瓣斜菱状长圆形；唇瓣宽长圆形，凹陷，先端具长硬毛且边缘具皱波状啮齿，唇瓣基部呈浅囊状凹陷。花果期 6~9 月。生于山坡潮湿的林下、草地或河滩沼泽草甸中。

植株明显具茎生叶 / 花黄色

毛茛 *Ranunculus japonicus*（五虎草、老虎脚迹）máo gèn

毛茛科 毛茛属

多年生草本；高 30~70 cm；茎、叶柄均具开展的柔毛；茎下部叶具长柄。叶片通常 3 深裂，裂片再 2~3 裂，两面贴生柔毛；向上部叶较小，无柄。聚伞花序有多数花，疏散；花瓣 5，倒卵状圆形，黄色，光亮，雌蕊和雄蕊多数。聚合果近球形；瘦果扁平，无毛，喙短直或外弯。花果期 4~9 月。生于林下、林缘、路旁。

茴茴蒜 *Ranunculus chinensis* huí huí suàn

毛茛科 毛茛属

一年生草本；高 20~70 cm；茎直立粗壮，中空，与叶柄均密生糙毛。基生叶与下部叶为 3 出复叶，叶片宽卵形至三角形，2~3 深裂，两面伏生糙毛；上部叶叶片 3 全裂，裂片有粗齿牙或再分裂。萼片狭卵形，外面生柔毛；花瓣 5，宽卵圆形，黄色或上面白色。聚合果长圆形；瘦果扁平，边缘有棱，喙呈点状。花果期 6~9 月。生于溪边、湖边等水湿草地。

石龙芮 *Ranunculus sceleratus* shí lóng ruì

毛茛科 毛茛属

一年生草本；高 10~50 cm；茎直立。叶片光滑无毛；基生叶肾状圆形，3 深裂不达基部；上部叶较小，3 全裂，裂片披针形至线形，全缘，顶端钝圆，基部扩大成膜质宽鞘抱茎。聚伞花序有多数花；花小，无毛；花瓣 5，倒卵形。聚合果长圆形；瘦果数量极多，近百枚，紧密排列，倒卵球形，稍扁，喙短至近无。花果期 5~10 月。生于河沟边及湖边。

白屈菜 *Chelidonium majus* （山黄连）bái qū cài

罂粟科 白屈菜属

多年生草本；高 30~100 cm；全株具黄色乳汁；茎密生柔毛。基生叶少，早凋落，叶片羽状全裂，裂片 2~4 对，倒卵状长圆形，具不规则的深裂或浅裂，裂片边缘圆齿状，表面绿色，无毛，背面具白粉，疏被短柔毛。伞形花序多花；花瓣倒卵形，全缘，黄色。蒴果狭圆柱形。花果期 4~9 月。生于河边林缘或堰边。

小黄紫堇 *Corydalis raddeana* xiǎo huáng zǐ jǐn

罂粟科 白屈菜属

无毛草本；高 60~90 cm；茎直立，具明显的棱，通常自下部分枝。基生叶少数，具长柄，叶片轮廓三角形或宽卵形，二至三回羽状分裂，叶背面具白粉。总状花序顶生和腋生；萼片鳞片状，近肾形，边缘具缺刻状齿；花瓣黄色，上面花瓣有距，约占全长的一半。蒴果圆柱形，稍扁平。种子近圆形，黑色。花期 8~9 月，果期 9~10 月。生于林下阴湿处。

马齿苋 *Portulaca oleracea* （蚂蚱菜） mǎ chǐ xiàn

马齿苋科 马齿苋属

一年生草本；长 10~15 cm；伏地铺散，茎多分枝，圆柱形。叶片肉质，倒卵形，顶端圆钝或平截，有时微凹，基部楔形，全缘，中脉隆起。花无梗，常 3~5 朵簇生枝端，花瓣 5，稀 4，黄色，倒卵形，顶端微凹，基部合生。蒴果卵球形，盖裂。种子细小，多数，偏斜球形，黑褐色，有光泽。花期 5~8 月，果期 6~9 月。生于农田、路旁。

赶山鞭 *Hypericum attenuatum* （小叶牛心菜） gǎn shān biān

藤黄科 金丝桃属

多年生草本；高 15~74 cm；茎丛生，直立，常有 2 条纵线棱，且全面散生黑色腺点。叶无柄，对生，卵状长圆形或卵状披针形，略抱茎，全缘，叶背散生黑腺点。圆锥状花序顶生，多花；花瓣淡黄色，长圆状倒卵形，表面及边缘有稀疏的黑腺点；雄蕊 3 束；花柱 3。蒴果卵球形。花果期 7~10 月。生于山坡草地、石砾地、草丛、林内及林缘等处。

（刘冰摄）

苘麻 *Abutilon theophrasti*（磨盘草）qǐng má

锦葵科 苘麻属

一年生草本；高达 1~2 m；茎枝、叶片、叶柄、花萼、果实被柔毛。叶互生，圆心形，边缘具细圆锯齿。花单生于叶腋；花萼杯状，裂片 5，卵形；花黄色，花瓣倒卵形。蒴果半球形，分果爿 15~20，被粗毛，成熟时褐色；顶端具长芒 2。种子肾形，褐色，被星状柔毛。花期 6~8 月，果期 8~9 月。生于路旁、荒地和田野。

光果田麻 *Corchoropsis crenata* var. *hupehensis*（野芝麻棵子）guāng guǒ tián má

锦葵科 田麻属

一年生草本；高 30~60 cm；分枝带紫红色，有白色短柔毛和平展的长柔毛。叶互生，卵形或狭卵形，边缘有钝牙齿，两面均密生星状短柔毛，基出脉 3 条。花单生于叶腋，萼片 5，狭披针形；花瓣 5，黄色。蒴果角状圆筒形，无毛，成熟时裂成 3 瓣。种子卵形。花期 6~8 月，果期 8~10 月。生于草坡、田边或多石处。

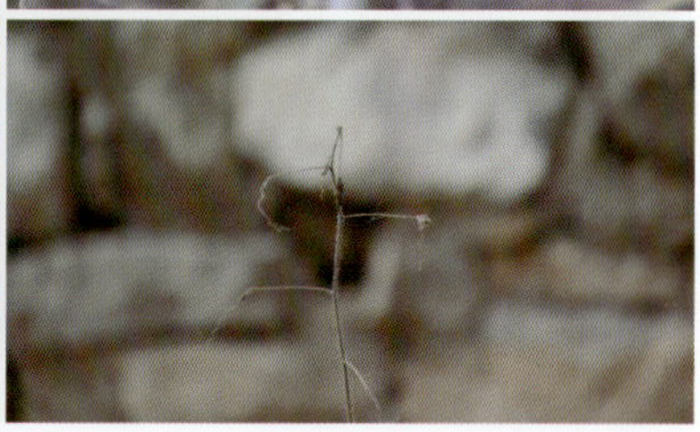

野西瓜苗 *Hibiscus trionum*（灯笼棵、香铃草）yě xī guā miáo

锦葵科 田麻属

一年生草本；高 25~70 cm；全株被星状毛。叶二型，下部的叶圆形，上部的叶掌状 3~5 深裂，似西瓜叶。花单生于叶腋；花萼钟形，淡绿色，被粗硬毛，裂片 5，具纵向紫色条纹，中部以上合生；花淡黄色，内面基部紫色，花瓣 5。蒴果长圆状球形。种子肾形，黑色。花期 7~9 月，果期 9~10 月。生于山野、丘陵或田埂，是常见的田间杂草。

刺黄花棯 *Sida spinosa* cì huáng huā rěn

锦葵科 黄花棯属

一年生草本；高达 1 m。叶互生，卵形，基部心形，具圆锯齿，上面近无毛或疏被星状柔毛，下面被星状柔毛；叶柄基部具刺状物。花单生于叶腋或近簇生，疏被星状柔毛，近端具节；萼钟形，被星状柔毛；花冠黄色，花瓣倒卵楔形。蒴果分果爿 5，熟时顶部开裂。种子褐色，卵状三角形。花果期 8~10 月。生于路边、荒地、田间。原产于北美洲，近年传入中国。

播娘蒿 *Descurainia sophia*（麦蒿）bō niáng hāo

十字花科 播娘蒿属

一年生或二年生草本；高 20~80 cm；茎直立，分枝多。叶为三回羽状深裂，末端裂片条形或长圆形，下部叶具柄，上部叶无柄。花序伞房状，果期伸长；花瓣黄色，长圆状倒卵形。长角果圆筒状，稍内曲，与果梗不成 1 条直线，果瓣中脉明显。花果期 3~6 月。生于山坡、田野及农田。

蔊菜 *Rorippa indica*（印度蔊菜）hàn cài

十字花科 蔊菜属

一年生草本；高 20~40 cm；茎直立，粗壮，表面具纵沟。叶互生，基生叶及茎下部叶具长柄，叶形多变化，通常大头羽状分裂，顶端裂片大，边缘具牙齿；茎上部叶片宽披针形或匙形，边缘具疏齿。总状花序顶生，花小，多数；花瓣 4，黄色，匙形。长角果线状圆柱形，长 1~2 cm，稍内弯。花果期 4~7 月。生于路旁、河边、山坡路旁等较潮湿处。

广州蔊菜 *Rorippa cantoniensisi*（广东葶苈）guǎng zhōu hàn cài

十字花科 蔊菜属

一年生或二年生草本；高 10~30 cm；茎直立或呈铺散状分枝。基生叶具柄，叶片羽状深裂或浅裂，边缘具缺刻状齿，顶端裂片较大；茎生叶渐小，无柄，基部呈短耳状，抱茎，叶片倒卵状长圆形，边缘常呈不规则齿裂。总状花序顶生，花黄色，近无梗；花瓣 4，倒卵形。短角果圆柱形，长 6~8 mm。花果期 3~6 月。生于田边路旁、山沟、河边或潮湿地。

风花菜 *Rorippa globosa*（银条菜、圆果蔊菜、球果蔊菜、云南亚麻荠）fēng huā cài

十字花科 蔊菜属

一年生或二年生草本；高 20~80 cm；茎粗壮。下部叶具柄，上部叶无柄，叶片长圆形至倒卵状披针形；叶基部半抱茎，两面被疏毛，尤以叶脉为显。总状花序呈圆锥花序排列；花小，黄色，花瓣 4，倒卵形。短角果实近球形。花果期 5~8 月、9~11 月。生于河岸、湿地、路旁、沟边、田边或草丛中。

沼生蔊菜 *Rorippa palustris* zhǎo shēng hàn cài

十字花科 蔊菜属

一年生或二年生草本；高 10~50 cm。基生叶多数，具柄；叶片羽状深裂或大头羽裂，边缘不规则浅裂或呈深波状，顶端裂片较大，基部耳状抱茎；茎生叶向上渐小，近无柄，叶片羽状深裂或具齿，基部耳状抱茎。总状花序顶生或腋生；花黄色，具纤细花梗；花瓣长倒卵形至楔形。短角果椭圆形或近圆柱形，长 3~8 mm，果瓣肿胀。花果期 4~8 月。生于近水处、溪岸、路旁、田边或山坡。

波齿糖芥 *Erysimum macilentum* bō chǐ táng jiè

十字花科 糖芥属

一年生草本；高 30~60 cm。基生叶莲座状，羽状深裂；茎生叶密生，叶片线形或线状狭披针形，顶端钝尖头，边缘近全缘或具波状裂齿。总状花序，顶生或腋生；萼片长椭圆形；花瓣深黄色，匙形。长角果圆柱形，长 3~5 cm；果瓣具中脉。花果期 3~6 月。生于路边、山坡。

葶苈 *Draba nemorosa* tíng lì

十字花科 葶苈属

一年生或二年生草本；高 5~45 cm。基生叶莲座状，长倒卵形，有疏细齿或全缘；茎生叶长卵形或卵形，顶端尖，基部楔形或渐圆，边缘有细齿，无柄，两面被毛。总状花序密集成伞房状，小花梗细；萼片椭圆形，背面略有毛；花瓣黄色，花期后成白色。短角果矩圆形，扁平；果梗与果序轴呈直角开展。花果期 4~6 月。生于田边路旁，山坡草地及河谷湿地。

繁缕景天 *Sedum stellariifolium*（火焰草）fán lǚ jǐng tiān

景天科 景天属

一年生或二年生草本；高 10~15 cm；植株被腺毛。基生叶莲座状，茎生叶互生，正三角形或三角状宽卵形，全缘。总状聚伞花序；花顶生，萼片 5，披针形至长圆形。花瓣 5，黄色，披针状长圆形；蓇葖下部合生，上部略叉开。种子长圆状卵形，有纵纹，褐色。花期 7~8 月，果期 8~9 月。生于山谷石缝中。

垂盆草 *Sedum sarmentosum* （三叶佛甲草）chuí pén cǎo

景天科 景天属

多年生草本；长 10~25 cm；不育枝及花茎细，匍匐而节上生根。3 叶轮生，叶倒披针形至长圆形。聚伞花序；花无梗；萼片 5，披针形至长圆形；花瓣 5，黄色，披针形至长圆形。种子卵形。花期 5~7 月，果期 8 月。生于山坡或山谷石头上。

费菜 *Phedimus aizoon* （土三七、狭叶费菜）fèi cài

景天科 费菜属

多年生草本；高 20~50 cm；根状茎胡萝卜状。叶互生，狭披针形、椭圆状披针形至卵状倒披针形，边缘有不整齐的锯齿；叶坚实，近革质。聚伞花序有多花，水平分枝，平展，下托以苞叶；萼片 5，线形，肉质；花瓣 5，黄色，长圆形至椭圆状披针形，有短尖。雄蕊 10，较花瓣短；蓇葖星芒状排列。种子椭圆形。花期 6~7 月，果期 8~9 月。多生于山坡石缝。

路边青 *Geum aleppicum* （水杨梅） lù biān qīng

蔷薇科 路边青属

多年生草本；高 30~100 cm；须根簇生。基生叶为大头羽状复叶；小叶片大小不等，边缘有锯齿；茎生叶羽状复叶或 3 浅裂。花序顶生；花瓣黄色，几圆形。聚合果倒卵球形，瘦果被长硬毛，宿存花柱顶端有小钩。花果期 7~10 月。生于山坡草地、沟边、地边、河滩、林间隙地及林缘。

朝天委陵菜 *Potentilla supina* cháo tiān wěi líng cài

蔷薇科 委陵菜属

一年生或二年生草本；高 20~50 cm；茎平铺，上升或直立，叉状分枝。奇数羽状复叶，基生叶有小叶 7~13，小叶片长圆形或倒卵状长圆形，边缘有圆钝或缺刻状锯齿。花茎上多叶，下部花自叶腋生，顶端呈伞房状聚伞花序；花梗常密被短柔毛；花瓣黄色，倒卵形，顶端微凹。瘦果长圆形，黄褐色，表面具脉纹。花期 3~7 月，果期 5~8 月。生于田边、荒地、河岸沙地及山坡湿地。

三叶朝天委陵菜 *Potentilla supina* var. *ternata* sān yè cháo tiān wěi líng cài 蔷薇科 委陵菜属

本种为朝天委陵菜的变种，与原种的区别是：植株分枝较多，铺地，基生叶有 3 小叶，顶生小叶有短柄或几无柄，常 2~3 深裂或不裂，花瓣较小，明显短于花萼。生境相同。

莓叶委陵菜 *Potentilla fragarioides* méi yè wěi líng cài 蔷薇科 委陵菜属

多年生草本；长 8~25 cm；花茎多数，丛生，被开展长柔毛。基生叶羽状复叶，有小叶 2~3 对，叶柄被开展疏柔毛；小叶片倒卵形至长椭圆形，边缘有锯齿，近基部全缘，两面被柔毛，锯齿边缘有时密被缘毛；茎生叶常有 3 小叶。伞房状聚伞花序顶生，多花，松散；花瓣黄色，倒卵形，顶端圆钝或微凹。花期 4~6 月，果期 6~8 月。生于堰边、灌丛及疏林下。

翻白草 *Potentilla discolor* （鸡爪参）fān bái cǎo

蔷薇科 委陵菜属

多年生草本；高 10~45 cm；花茎斜升或微铺散，密被白色绵毛。基生叶有小叶 2~4 对，叶柄密被白色绵毛，小叶长圆形或长圆披针形，边缘具锯齿，上面暗绿色，下面密被绵毛，茎生叶掌状 3~5 小叶。聚伞花序有花数朵至多朵，疏散，外被绵毛；花瓣黄色，倒卵形，顶端微凹或圆钝。花果期 5~9 月。生于荒地、山谷、沟边、山坡草地、草甸及疏林下。

委陵菜 *Potentilla chinensis* （翻白草）wěi líng cài

蔷薇科 委陵菜属

多年生草本；高 20~70 cm；根粗壮，圆柱形。羽状复叶，有小叶 5~15 对，叶柄被柔毛；小叶片对生或互生，长圆形，边缘羽状中裂，裂片三角状披针形上，下面被白色茸毛。伞房状聚伞花序顶生，花瓣黄色，宽倒卵形，顶端微凹。瘦果卵球形，深褐色，有明显皱纹。花果期 7~10 月。生于山坡草地、沟谷、林缘、灌丛或疏林下。

细裂委陵菜 *Potentilla chinensis* var. *Lineariloba*（线叶委陵菜）xì liè wěi líng cài 蔷薇科 委陵菜属

本种为委陵菜的变种，与原变种区别在于，小叶片边缘深裂至中脉或几达中脉，裂片狭窄带形。花果期 7~10 月。生于山坡草地、沟谷、林缘、灌丛或疏林下。

匍枝委陵菜 *Potentilla flagellaris*（蔓萎陵菜）pú zhī wěi líng cài 蔷薇科 委陵菜属

多年生匍匐草本；匍匐枝长 8~60 cm。掌状复叶，小叶 5，边缘有 3~6 缺刻状大小不等的急尖锯齿，下部 2 小叶有时 2 裂。花单生，与叶片对生；花瓣黄色，顶端微凹或圆钝，比萼片稍长。成熟瘦果长圆状卵形，表面呈泡状突起。花果期 5~8 月。生于疏林下、泉水边。

蛇含委陵菜 *Potentilla kleiniana*（五爪龙）shé hán wěi líng cài 蔷薇科 委陵菜属

多年生宿根草本；长 10~50 cm；花茎上升或匍匐。下部叶为掌状 5 小叶，叶柄较长，两面绿色，上部叶掌状 3 小叶，叶柄较短。聚伞花序密集枝顶如假伞形；花瓣黄色，倒卵形，顶端微凹，长于萼片。花果期 4~9 月。生于田边、水旁、草甸及山坡草地。

三叶委陵菜 *Potentilla freyniana*（三张叶）sān yè wěi líng cài 蔷薇科 委陵菜属

多年生草本；高 8~25 cm；具匍匐枝。基生叶掌状 3 出复叶，小叶片卵形，边缘有多数急尖锯齿，两面绿色，叶脉通常紫色；茎生叶 1~2，小叶与基生叶小叶相似。伞房状聚伞花序顶生，多花，松散，花梗纤细；花瓣淡黄色，长圆倒卵形，顶端微凹或圆钝。成熟瘦果卵球形，表面有显著脉纹。花果期 3~6 月。生于疏林下岩石边。

蛇莓 *Duchesnea indica*（野草莓、鸡腚眼子）shé méi

蔷薇科 蛇莓属

多年生匍匐草本；长 30~100 cm。三出复叶，小叶片倒卵形至菱状长圆形，边缘有钝锯齿，具小叶柄。花单生于叶腋；副萼片倒卵形，先端常具 3~5 锯齿；花瓣倒卵形，黄色，先端圆钝；花托在果期膨大，海绵质，鲜红色。瘦果卵形，光滑或具不明显突起。花期 4~9 月，果期 5~10 月。生于山坡、河岸、草地、潮湿处。

龙牙草 *Agrimonia pilosa* lóng yá cǎo

蔷薇科 龙牙草属

多年生草本；高 30~120 cm；全株密被长柔毛。奇数羽状复叶，小叶 3~4 对，无柄，倒卵椭圆形或倒卵披针形，边缘有锯齿；托叶镰形。花序穗状总状顶生；花瓣黄色，长圆形。果实倒卵圆锥形，外面有 10 条肋，顶端有数层钩刺，幼时直立，成熟时靠合。花果期 5~12 月。生于溪边、路旁、草地、灌丛、林缘及疏林下。

豆茶山扁豆 *Chamaecrista nomame* （豆茶决明）dòu chá shān biǎn dòu

豆科 山扁豆属

一年生草本；株高 30~60 cm。羽状复叶，小叶 8~28 对，在叶柄的上端有黑褐色腺体 1 枚；小叶带状披针形，稍不对称。花生于叶腋，有柄，单生或 2 至数朵组成短的总状花序；萼片 5，分离，外面疏被柔毛；花瓣 5，黄色。荚果扁平，有毛，熟时开裂，有种子 6~12 粒。种子扁，近菱形，平滑。花期 7~8 月，果期 8~9 月。生于山地路旁、灌草丛中。

钝叶决明 *Senna obtusifolia* dùn yè jué míng

豆科 决明属

一年生亚灌木状草本；高 1~2 m。叶柄上无腺体；叶轴上最下方一对小叶间有棒状的腺体 1 枚；小叶 3 对，倒卵形或倒卵状长椭圆形，顶端圆钝而有小尖头。花腋生，通常 2 朵聚生；花瓣黄色，下面两片略长。荚果纤细，弯曲，近四棱形，两端渐尖。种子约 25 颗，菱形，光亮。花果期 8~11 月。栽培植物，或逸为野生，生于田边路旁。

合萌 *Aeschynomene indica*（镰刀草）hé méng

豆科 合萌属

一年生草本；高 0.3~1 m。偶数羽状复叶；具 20~30 对小叶或更多；小叶线状长圆形，全缘。总状花序比叶短，腋生；花冠淡黄色，具紫色的纵脉纹；雄蕊二体。荚果线状长圆形，直或弯曲，荚节 4~10，中央有小疣凸，不开裂，成熟时逐节脱落。种子黑棕色，肾形。花期 7~8 月，果期 8~10 月。生于田边、路旁、山地林缘。

黄香草木樨 *Melilotus officinalis*（黄花草木樨）huáng xiāng cǎo mù xī

豆科 草木樨属

二年生草本；茎直立，多分枝，具纵棱。羽状三出复叶；托叶镰状线形；小叶倒卵形、阔卵形、倒披针形至线形，顶生小叶稍大。总状花序腋生；花冠黄色。荚果卵形，先端具宿存花柱，表面具凹凸不平的横向细网纹，棕黑色。花期 5~9 月，果期 6~10 月。生于山坡、河岸、路旁、砂质草地及林缘。

花苜蓿 *Medicago ruthenica* huā mù xu

豆科 苜蓿属

多年生草本；高 20~100 cm；茎直立或上升，有条纹。三出复叶；托叶披针形，锥尖，先端稍上弯；小叶形状变化很大，通常卵状长圆形，边缘有锯齿，下面被贴伏柔毛，两面均隆起。花序伞形；花黄褐色，中央有深红色或紫色条纹。荚果长圆形，扁平，具短喙。花期 6~9 月，果期 8~10 月。生于砂地及砂砾质土壤的山坡旷野。

蒺藜 *Tribulus terrestris*（蒺藜狗）jí lí

蒺藜科 蒺藜属

一年生匍匐草本；枝长 20~60 cm。偶数羽状复叶对生，对生羽叶一长一短；小叶对生，矩圆形，基部偏斜，被柔毛，全缘。花生于叶腋，花梗短于叶，花黄色；萼片 5，宿存；花瓣 5。果有 5 个分果瓣，成熟时开裂散落，中部边缘有锐刺 2 枚，下部常有小锐刺 2 枚，其余部位常有小瘤体。花期 5~9 月，果期 6~10 月。生于沙地、荒地、山坡、居民点附近。

酢浆草 *Oxalis corniculata*（酸三叶、酸溜溜）cù jiāng cǎo

酢浆草科 酢浆草属

草本植物；高 10~35 cm；全株被柔毛；茎细弱，多分枝，直立或匍匐，匍匐茎节上生根。叶柄长，基部具关节；小叶 3，倒心形，先端凹入，绿色或紫色。花单生或数朵集为伞形花序状；花瓣 5，黄色，长圆状倒卵形，基部合生。蒴果长圆柱形，5 棱，果熟时种子弹射而出。花果期 4~11 月。生于山坡草地、河谷沿岸、路边、田边、荒地或林下阴湿处等。

月见草 *Oenothera biennis*（夜来香、山芝麻）yuè jiàn cǎo

柳叶菜科 月见草属

二年生粗状草本；高达 2 m。基生叶莲座状，倒披针形，边缘具浅钝齿；茎生叶互生，椭圆形至倒披针形，边缘有钝齿，两面被柔毛。花序穗状；花瓣黄色，宽倒卵形，先端微凹缺。蒴果锥状圆柱形，向上变狭，直立，熟时黄褐色，被毛，具明显的棱。花期 5~10 月，果期 8~12 月。原产于北美洲，我国引种栽培，现已沦为逸生，常生于开旷荒坡路旁。

假柳叶菜 *Ludwigia epilobioides* jiǎ liǔ yè cài

柳叶菜科 丁香蓼属

一年生草本；茎高 30~150 cm；茎四棱，带紫红色。叶倒披针形，边缘疏生不整齐的浅钝齿，两面被曲柔毛与长毛。花生于上部叶腋，萼片三角形；花瓣黄色，倒卵形。蒴果熟时圆柱形，平滑，每室有 1~2 列；稀疏嵌埋于内果皮的种子；果皮薄，不规则开裂。花果期 9~10 月。生于水沟、水边或潮湿处。

徐长卿 *Vincetoxicum pycnostelma* xú cháng qīng

夹竹桃科 白前属

多年生直立草本；高约 1 m；茎不分枝；根须状，多数。叶对生，纸质，披针形至条形，两端锐尖，叶缘有睫毛。圆锥状聚伞花序生于顶生的叶腋内，花 10 余朵；花冠黄绿色，近辐状；副花冠裂片 5 枚，基部增厚，顶端钝。蓇葖果单生，披针状圆柱形。种子矩圆形，顶端具白绢质种毛。花期 6~7 月，果期 7~8 月。生于山地阳坡、灌草丛中。

竹灵消 *Vincetoxicum inamoenum* zhú líng xiāo

夹竹桃科 白前属

多年生直立草本；高达 70 cm；基部多分枝。叶对生，卵形或卵状披针形；叶缘有睫毛。伞形聚伞花序腋生，比叶为短，着花不到 10 朵；花萼裂片 5，内面基部有小腺体 5 个；花冠黄色有时带紫红色，裂片卵状长圆形；副花冠肉质、裂片龙骨状。蓇葖果双生，狭披针形，向端部长渐尖，外果皮有细直纹。种子黄褐色，扁平，具白色绢质种毛。花期 5~6 月，果期 8~9 月。生于山地林缘。

小酸浆 *Physalis minima*（毛苦蘵）xiǎo suān jiāng

茄科 酸浆属

一年生草本；主轴短缩，分枝披散而卧于地上或斜升，生短柔毛。叶片卵形或卵状披针形，全缘而波状或有少数粗齿，两面脉上有柔毛；花梗细弱，生短柔毛；花萼钟状，外面生短柔毛，裂片三角形，缘毛密；花冠黄色。果梗细瘦，俯垂；果萼近球状或卵球状，成熟时黄白色；果实球状。花果期 7~10 月。生于田野、沟边、山坡草地、林下或路旁。

日本散血丹 *Physaliastrum echinatum* rì běn sǎn/sàn xuè dān 茄科 散血丹属

一年生草本；高 50~70 cm。茎、叶均被稀疏柔毛；叶卵形或阔卵形，全缘而稍波状，叶柄成狭翼状。花常 2~3 朵生于叶腋或枝腋，俯垂；花萼短钟状，疏生长柔毛和不规则分散三角形小鳞片；花冠钟状，5 浅裂，裂片有缘毛。球状浆果被果萼包围，顶端裸露。花果期 6~10 月。常生于山坡草丛或沟谷中。

阴行草 *Siphonostegia chinensis* （刘寄奴） yīn xíng cǎo 列当科 阴行草属

一年生直立草本；高 30~60 cm。叶对生，两面密被短毛，二回羽状全裂，小裂片线形或线状披针形。花生于茎枝上部；苞片与叶同型；花萼管具 10 条显著凸出的主脉，萼齿 5 枚，绿色；花冠上唇红紫色，下唇黄色，上唇镰状弓曲，背部密被纤毛；下唇顶端 3 裂，有隆起的褶片。蒴果被包于宿存的萼内，黑褐色。花果期 6~9 月。生于干旱的山坡与草地。

沟酸浆 *Erythranthe tenella* gōu suān jiāng

透骨草科 沟酸浆属

多年生草本；柔弱，常铺散状，无毛；茎四方形，角处具窄翅，长可达 40 cm。叶卵形，边缘具明显的疏锯齿，叶柄细长。花单生叶腋，花梗与叶柄近等长；花萼圆筒形，果期肿胀成囊泡状，萼口平截，萼齿 5，细小；花冠的长度约为花萼的 1.5 倍，漏斗状，黄色，喉部有红色斑点；沿喉部密被髯毛。蒴果椭圆形，较萼稍短。花果期 5~9 月。生于水边、林下湿地。

蓬子菜 *Galium verum* péng zǐ cài

茜草科 拉拉藤属

多年生草本；高 25~45 cm；茎有 4 棱，被短毛。叶 6~10 片轮生，线形，边缘反卷成管状，上面有光泽，下面稍苍白。聚伞花序顶生和腋生，多花，通常在枝顶结成圆锥花序状；总花梗密被短柔毛；花小，稠密；花冠黄色，辐状，花冠裂片卵形或长圆形。果小，果爿双生，近球状，无毛。花果期 4~9 月。生于山地、河滩、旷野、沟边、草地、灌丛或林下。

败酱 *Patrinia scabiosifolia*（黄花龙牙）bài jiàng

忍冬科 败酱属

多年生草本；高 30~120 cm。基生叶丛生，花时枯落；茎生叶对生，常羽状深裂或全裂，侧裂片 2~3 对。花序为聚伞花序组成的大型伞房花序，顶生；花序梗黄绿色，上方一侧被开展白色粗糙毛；花小，花冠钟形，黄色，5 裂；雄蕊 4 枚。瘦果长圆形，具 3 棱，无翅状果苞。花果期 7~10 月。常生于山坡林下、林缘和灌丛中以及路边、田埂边的草丛中。

异叶败酱 *Patrinia heterophylla*（墓头回）yì yè bài jiàng

忍冬科 败酱属

多年生草本；高达 1 m。基生叶丛生，具长柄，叶片边缘圆齿状或具糙齿状缺刻，不分裂或羽状分裂至全裂；茎生叶对生，茎生叶常 2~3 对羽状全裂。花黄色，组成顶生伞房状聚伞花序，被糙毛；花冠钟形，黄色，裂片 5；雄蕊 4 伸出。瘦果长圆形或倒卵形，具有网状脉的翅状果苞。花果期 7~10 月。生于海拔山地岩缝、草丛、路边、沙质坡或土坡上。

少蕊败酱 *Patrinia monandra* shǎo ruǐ bài jiàng

忍冬科 败酱属

二年生或多年生草本；高达 1.5 m。叶对生，长圆形，不裂或大头羽状深裂，下部有 1~3 对侧生裂片，边缘具粗圆齿或钝齿，两面疏被毛；下部叶花期枯萎凋落。聚伞花序顶生及腋生，聚成宽大的伞房状，花序梗密被长糙毛；花冠漏斗形，淡黄色或有时近白色；雄蕊 1~3 枚，常 1 枚最长，伸出花冠外。瘦果卵圆形；果苞薄膜质，近圆形至阔卵形，网脉细而明显。花果期 8~10 月。生于山坡草丛、灌丛中、林下、林缘、田野溪旁或路边。

鼠曲草 *Pseudognaphalium affine*（清明菜、鼠麴草）shǔ qū cǎo

菊科 鼠曲草属

一年生或二年生草本；高 10~40 cm；茎上部不分枝，被白色厚棉毛。叶无柄，匙状倒披针形或倒卵状匙形，具刺尖头，两面被白色棉毛。头状花序较多，在枝顶排成伞房花序，花黄色至淡黄色；总苞金黄色或柠檬黄色，膜质。花果期 4~6 月。生于山地路旁、石缝中。

狗舌草 *Tephroseris kirilowii* gǒu shé cǎo

菊科 狗舌草属

多年生草本；高 20~60 cm；全株密被白色蛛丝状毛；茎直立，单生，稀 2~3，不分枝。基生叶数个呈莲座状，具短柄，长圆形或卵状长圆形；茎生叶少数，上部渐小，无柄，基部半抱茎。头状花序 3~11 个排列成顶生伞房花序；花黄色；舌状花长圆形，顶端具 3 细齿；管状花多数。瘦果圆柱形，被密硬毛；冠毛白色。花期 4~8 月。常生于山坡草地向阳处。

旋覆花 *Inula japonica* xuán fù huā

菊科 旋覆花属

多年生草本；高 30~70 cm。下部叶长圆状披针形，基部常有圆形半抱茎小耳，无柄；上部叶线状披针形。头状花序排成疏散伞房花序；总苞半球形，径 1.3~1.7 cm，总苞片约 5 层，线状披针形，近等长；舌状花黄色，舌片线形，长 1~1.3 cm；管状花花冠长约 5 mm，冠毛白色。花果期 7~10 月。生于路旁、河边。

线叶旋覆花 *Inula linariifolia*（窄叶旋覆花）xiàn yè xuán fù huā

菊科 旋覆花属

多年生草本；高 30~80 cm。叶线状披针形，边缘常反卷，有不明显小齿，上面无毛，下面有腺点，被蛛丝状柔毛或长伏毛。头状花序单生枝端或 3~5 排成伞房状；总苞片约 4 层，线状披针形；舌片黄色，长圆状线形，管状花有尖三角形裂片；冠毛白色，与管状花花冠等长，有多数微糙毛。花果期 7~10 月。生于山坡、灌草丛中。

豨莶 *Sigesbeckia orientalis* xī xiān

菊科 豨莶属

一年生草本；高 30~100 cm；茎直立，分枝常呈复二歧状，被灰白色短柔毛。中下部叶三角状卵圆形或卵状披针形，基部下延成具翼的柄，边缘有锯齿，具腺点，两面被毛，三出基脉。头状花序排列成具叶的圆锥花序；花梗密生短柔毛；总苞阔钟状；总苞片 2 层，背面被紫褐色头状具柄的腺毛；花黄色。花果期 7~10 月。生于沟谷、水边、湿润处。

腺梗豨莶 *Sigesbeckia pubescens* xiàn gěng xī xiān

菊科 豨莶属

一年生草本；高 30~110 cm；茎直立，粗壮，上部多分枝，被开展的灰白色长柔毛和糙毛。叶卵圆形或卵形，基部下延成具翼的柄，边缘有尖头状粗齿，基出三脉，两面被柔毛，沿脉有长柔毛。头状花序多数，生于枝端，排列成松散的圆锥花序；花梗和总苞背面密生紫褐色头状具柄腺毛；舌状花和管状花黄色。花果期 7~10 月。生于沟谷、水边等湿润处。

鬼针草 *Bidens pilosa*（三叶鬼针草）guǐ zhēn cǎo

菊科 鬼针草属

一年生草本；高 30~100 cm；茎直立，钝四棱形。茎下部叶较小，3 裂或不分裂，通常在开花前枯萎；中部叶具柄，三出，小叶常 3 枚，小叶椭圆形，具短柄，边缘有锯齿，顶生小叶较大；上部叶小，3 裂或不分裂，条状披针形。头状花序；无舌状花，盘花筒状，冠檐 5 齿裂。瘦果黑色，条形，略扁，具棱，顶端芒刺 3~4 枚，具倒刺毛。花果期 8~10 月。生于村边、路旁及荒地中。

金盏银盘 *Bidens biternata* jīn zhǎn yín pán

菊科 鬼针草属

一年生草本；茎直立，高 30~150 cm，略具四棱。一回羽状复叶，顶生小叶卵形，边缘具锯齿，有时一侧深裂为一小裂片，侧生小叶 1~2 对，三出复叶状分裂或仅一侧具一裂片。头状花序；舌状花通常 3~5 朵，舌片淡黄色，长椭圆形，先端 3 齿裂。瘦果条形，黑色，具四棱，顶端芒刺 3~4 枚，具倒刺毛。花果期 8~10 月。生于路边、村旁及荒地中。

婆婆针 *Bidens bipinnata*（鬼针草）pó pó zhēn

菊科 鬼针草属

一年生草本；高 30~120 cm；茎直立，下部略具四棱。叶对生，具柄，二回羽状分裂，小裂片三角状或菱状披针形，具 1~2 对缺刻或深裂。头状花序；舌状花通常 1~3 朵，不育，舌片黄色，椭圆形或倒卵状披针形，先端全缘或具 2~3 齿，盘花筒状，黄色，冠檐 5 齿裂。瘦果条形，略扁，具 3~4 棱，具瘤状突起及小刚毛，顶端芒刺 3~4 枚，具倒刺毛。花果期 7~11 月。生于路边荒地、山坡、田间、路旁。

小花鬼针草 *Bidens parviflora*（一包针、鬼棘针、细叶刺针草）xiǎo huā guǐ zhēn cǎo 菊科 鬼针草属

一年生草本；茎高 20~90 cm；茎直立，下部圆柱形，有纵条纹，中上部常为钝四方形。叶对生，具柄，二至三回羽状分裂，小裂片条形或条状披针形。头状花序单生茎端及枝端，具长梗；无舌状花，盘花两性，6~12 朵。瘦果条形，略具 4 棱，两端渐狭，有小刚毛，顶端芒刺 2 枚，有倒刺毛。花果期 7~10 月。生于路边荒地、林下、沟谷、路旁。

大狼耙草 *Bidens frondosa*（接力草）dà láng bà cǎo 菊科 鬼针草属

一年生草本；高 20~120 cm；茎直立，多分枝，常带紫色。叶对生，具柄，一回羽状复叶，小叶 3~5 枚，披针形，边缘有粗锯齿；头状花序单生茎端和枝端；总苞钟状或半球形，外层苞片披针形或匙状倒披针形；无舌状花，筒状花两性，冠檐 5 裂。瘦果扁平，狭楔形，顶端芒刺 2 枚，有倒刺毛。花果期 8~10 月。生于田野、路旁、河边等湿润处。

南美鬼针草 *Bidens subalternans* nán měi guǐ zhēn cǎo

菊科 鬼针草属

一年生草本；高可达 2 m；茎直立，钝四棱形，上部多分枝。叶对生，二至三回羽状分裂，小裂片卵状披针形或匙形，边缘稍向上卷。头状花序单生茎端及枝端；舌状花 3~5 枚或退化，黄色，先端 2 齿裂，两性花冠檐 5 齿裂。瘦果长条形，扁四棱状；具 4 粗纵棱，顶端具 4 枚芒刺；芒刺上 3 列小倒刺。花果期 7~10 月。原产于南美洲，生于路边荒地、林下及水沟旁。

菊芋 *Helianthus tuberosus*（鬼子姜、洋姜）jú yù

菊科 向日葵属

多年生草本；高 1~3 m；有块状的地下茎及纤维状根；茎直立，有分枝，被白色短糙毛或刚毛。叶卵圆形至阔披针形，有长柄，边缘有粗锯齿，离基三出脉，两面被毛。头状花序较大，单生于枝端；舌状花黄色，开展，长椭圆形；管状花花冠黄色。瘦果小，楔形，上端有 2~4 个有毛的锥状扁芒。花果期 8~10 月。原产于北美洲，在我国广泛栽培，有时逸为野生。

甘菊 *Chrysanthemum lavandulifolium*（野菊、野菊花、甘野菊）gān jú

菊科 菊属

多年生草本；高 0.3~1.5 m；有地下匍匐茎。叶一至二回羽状分裂，浅裂至全裂，几无毛。头状花序多数，在茎枝顶端排成复伞房状花序；总苞碟形，总苞片约 5 层，边缘白色或浅褐色膜质；舌状花黄色，舌片椭圆形，管状花黄色。瘦果无冠毛。花果期 9~11 月。生于山地、林缘、河谷和灌草丛。

委陵菊 *Chrysanthemum potentilloides* wěi líng jú

菊科 菊属

多年生草本；高 30~70 cm；茎枝灰白色，密被贴伏的短柔毛。叶宽卵形、卵形或宽三角状卵形，二回羽状分裂，上面绿色或灰绿色，被稀疏短柔毛，下面灰白色，密被贴伏的短柔毛。头状花序多数，在茎枝顶端排成伞房或复伞房花序；总苞碟状，总苞片 4 层，被稠密短柔毛，边缘白色或褐色膜质；花黄色。花期 9~11 月。生于山地、林缘、河谷和灌草丛。

毛连菜 *Picris hieracioides* máo lián cài

菊科 毛连菜属

二年生草本；高 16~120 cm；具乳汁，茎直立，被亮色分叉的钩状硬毛。基生叶花期枯落；下部茎叶长椭圆形或宽披针形，全缘或具锯齿，基部渐狭成长或短翼柄；中上部茎叶披针形或线形，无柄，基部半抱茎；全部叶片两面特别是沿脉被亮色的钩状分叉硬毛。头状花序较多，在茎枝顶端排成伞房圆锥花序；舌状小花黄色，冠筒被白色短柔毛。瘦果纺锤形，棕褐色；冠毛白色。花果期 7~9 月。生于山坡、林下、林缘、沟边和路旁。

续断菊 *Sonchus asper*（断续菊、花叶滇苦荬菜、花叶滇苦菜）xù duàn jú

菊科 苦苣菜属

一年生草本；高 20~50 cm；具乳汁，茎直立，粗壮。基生叶与茎生叶同型，但较小；叶长椭圆形至匙状椭圆形，不裂或羽状浅裂，基部圆耳状抱茎，边缘具刺状尖齿，两面光滑无毛。头状花序在茎枝顶端排成伞房花序；总苞宽钟状；舌状小花黄色。瘦果倒披针状，压扁，褐色；冠毛白色，柔软。花果期 4~5 月、9~11 月。生于田边、路旁、荒地。

长裂苦苣菜 *Sonchus brachyotus*（苣荬菜）cháng liè kǔ jù cài

菊科 苦苣菜属

一年生草本；高 50~100 cm；具乳汁；茎直立，有纵条纹，光滑无毛。叶长椭圆形或倒披针形，羽状半裂或浅裂，极少不裂，基部圆耳状扩大，半抱茎，裂片三角形，边缘全缘。头状花序少数，在茎枝顶端排成伞房状花序；总苞钟状；总苞片光滑无毛；花黄色。瘦果长椭圆状，褐色；冠毛白色，柔软。花果期 7~10 月。生于山地草坡、河边和路旁。

苦苣菜 *Sonchus oleraceus*（滇苦荬菜）kǔ jù cài

菊科 苦苣菜属

一年生草本；高 40~150 cm；具乳汁；茎直立，单生，有纵条棱或条纹。叶长椭圆形或倒披针形，羽状深裂或大头羽裂，裂片边缘具刺状尖齿，基部扩大成耳状，半抱茎，两面光滑无毛。头状花序少数，在茎枝顶端排成紧密的伞房花序；总苞宽钟状；总苞片披针形，向内层渐长；花黄色。瘦果褐色，冠毛白色。花果期 5~9 月。生于房前屋后、田边、路旁。

黄鹌菜 *Youngia japonica* huáng ān cài 菊科 黄鹌菜属

一年生草本；高 10~100 cm；具乳汁。基生叶丛生；叶倒披针形，大头羽状深裂或全裂，叶柄常有翼，侧裂片 3~7 对，向下渐小，最下方裂片耳状，边缘有锯齿或小尖头；茎生叶极少；叶及叶柄被皱波状柔毛。头状花序在茎枝顶端排成伞房花序；总苞圆柱状；舌状花小，黄色。花果期 4~7 月。生于山坡、山谷、林下、林缘、田间、村边和路旁。

翅果菊 *Lactuca indica* （野莴苣、山莴苣、多裂翅果菊）chì guǒ jú 菊科 翅果菊属

一年生或两年生草本；高 0.4~2 m；具乳汁，茎单生，直立，粗壮，无毛。叶型多变，无柄，倒披针形至长椭圆形，不开裂或者羽状开裂；自基部向上，茎叶渐小。头状花序多数，在茎枝顶端排成大型圆锥花序；总苞卵球形；舌状花，淡黄色。瘦果椭圆形，压扁，棕黑色，边缘有宽翅；冠毛白色。花果期 7~10 月。生于山谷、山坡、林缘、灌丛、草地。

野莴苣 *Lactuca seriola*（毒莴苣、刺莴苣）yě wō jù

菊科 莴苣属

一年生草本；高 50~80 cm；具乳汁，茎直立，有时具白色茎刺。叶无柄，倒披针或长椭圆形，不裂或羽状开裂，裂片边缘有细齿或刺齿或细刺，叶下面沿中脉有黄色直刺。头状花序多数，在茎枝顶端排成圆锥状花序；花黄色。瘦果倒披针形，压扁，浅褐色；冠毛白色。花果期 5~8 月。生于荒地、路旁、河滩砾石地、山坡石缝及草地。

桃叶鸦葱 *Scorzonera sinensis* táo yè yā cōng

菊科 蛇鸦葱属

多年生草本；高 5~53 cm。基生叶宽披针形至线状长椭圆形，边缘皱波状；茎生叶少数，鳞片状，披针形或钻状披针形，半抱茎或贴茎。头状花序单生茎顶；总苞圆柱状；总苞片约 5 层，外面光滑无毛；舌状花，黄色。瘦果圆柱状，有多数高起纵肋，肉红色；冠毛污黄色，羽毛状。花果期 4~6 月。生于山坡、丘陵地、沙丘、荒地或灌木林下。

华北鸦葱 *Scorzonera albicaulis*（笔管草、兔奶）huá běi yā cōng 菊科 蛇鸦葱属

多年生草本；高达 120 cm；茎枝初时被白色茸毛。叶线形至线状长椭圆形，全缘，两面光滑无毛。头状花序在茎枝顶端排成伞房花序；舌状花，黄色。瘦果圆柱状，有多数高起的纵肋，无毛，无脊瘤，向顶端渐细成喙状；冠毛污黄色，具部分超长冠毛，大部分为羽毛状。花果期 5~9 月。生于山谷、山坡杂木林下、林缘或灌丛中。

长喙婆罗门参 *Tragopogon dubius*（霜毛婆罗门参）cháng huì pó luó mén shēn 菊科 婆罗门参属

二年生草本；高 40~100 cm；具乳汁；茎有纵沟纹。叶线形或线状披针形，基部扩大，半抱茎。头状花序单生茎顶，花序梗显著膨大；总苞片披针形或线状披针形，长于花瓣；舌状花，黄色；瘦果柱状长圆形，有纵肋，沿肋有疣状突起，具长喙，与冠毛连结处有蛛丝状毛环，冠毛灰白色。花果期 5~7 月。生于山坡、路旁和绿化带。

尖裂假还阳参 *Crepidiastrum sonchifolium*（抱茎小苦荬）jiān liè jiǎ huán yáng shēn 菊科 假还阳参属

多年生草本；高 20~100 cm；具乳汁；茎直立，单生，上部多分枝。基生叶莲座状；叶长椭圆状卵形，羽状深裂或半裂，基部扩大成圆耳状，抱茎，裂片长线形或尖齿状；上部茎叶卵状心形，向上渐小。头状花序多数，在茎枝顶端排成伞房状花序；舌状花，黄色。花果期 4~9 月。生于山坡、林下、林缘、路旁和沟谷。

黄瓜菜 *Crepidiastrum denticulatum*（羽裂黄瓜菜、黄瓜假还阳参）huáng guā cài 菊科 假还阳参属

一年生草本；高 30~120 cm；具乳汁；茎单生，直立，常紫红色。叶片变形极大，基生叶花期枯落；茎生叶羽状开裂，有宽翼柄，柄基扩大成圆耳状，抱茎，边缘有锯齿或全缘。头状花序在茎枝顶端成伞房状花序；总苞圆柱状；舌状花，黄色。瘦果褐色或黑色，长椭圆形，冠毛白色，糙毛状。花果期 9~11 月。生于山坡、林下、林缘、路旁和沟谷。

花白色

长冬草 *Clematis hexapetala* var. *tchefouensis*（黑老婆秧、铁扫帚） 毛茛科 铁线莲属
cháng dōng cǎo

多年生草本；高 30~100 cm；茎有纵棱。叶对生，一至二回羽状深裂，裂片披针形，全缘，网脉明显。聚伞花序顶生，有时花单生，萼片 4~8，通常 6，白色，狭倒卵形。瘦果倒卵形，扁平，有紧贴的柔毛。花期 6~9 月，果期 9~10 月。生于山地林缘、灌草丛中。

（张海森摄）

东亚唐松草 *Thalictrum minus* var. *hypoleucum*（穷汉子腿） dōng yà táng sōng cǎo 毛茛科 唐松草属

多年生草本；高可达 1.5 m。叶为三至四回三出羽状复叶；小叶近圆形或宽倒卵形，先端 3 浅裂，下面被白粉，脉隆起；偶而不裂。圆锥花序长达 30 cm；花多数；无瓣，萼片 4，白绿色；雄蕊多数，下垂；心皮 3~5，无柄，柱头箭头形。瘦果狭椭圆球形，稍扁，有纵肋。花果期 7~9 月。生于山地、林缘。

瓣蕊唐松草 *Thalictrum petaloideum* （马尾黄连）bàn ruǐ táng sōng cǎo

毛茛科 唐松草属

多年生草本；高 20~80 cm。基生叶数个，为三至四回三出或羽状复叶；小叶形状变异较大，三浅裂至三深裂，裂片全缘；叶柄基部有鞘。伞房状花序，具多花；无花瓣，萼片 4，白色，早落，卵形；雄蕊多数，花丝上部增粗，呈细长花瓣状，白色。瘦果卵形，有纵肋。花果期 6~10 月。生于山坡草地。

华北百蕊草 *Thesium cathaicum* huá běi bǎi ruǐ cǎo

毛茛科 百蕊草属

多年生草本；长 12~35 cm；茎多分枝，具纵棱和纵沟。叶狭线形，无柄。花被长漏斗状，4~5 数；苞片绿色，线形；苞片 1 枚，条形；小苞片 2 枚；花梗长 5~10 mm，花被内面白色。坚果椭圆状或圆柱状椭圆形，长约 3 mm；花被宿存，比果长。花果期 4~7 月。生于山地草丛间。

山东银莲花 *Anemone shikokiana* shān dōng yín lián huā

毛茛科 银莲花属

多年生草本；植株高 10~55 cm。基生叶 5~8，有长柄；叶片圆肾形，掌状开裂；叶柄长 5.5~30 cm，有稀疏的长柔毛，毛在叶鞘处较密。花葶通常 1 条，有疏柔毛或近无毛；苞片 2~3，无柄，3 裂；复伞形花序，萼片常 5 枚，白色；雄蕊多数，花药狭椭圆形；心皮 2~5，无毛。瘦果扁平，宽椭圆形。花果期 6~9 月。生于海拔 600~1100 m 的山地草丛中。

（刘冰摄）

垂序商陆 *Phytolacca americana* chuí xù shāng lù

商陆科 商陆属

多年生草本；植株高达 2 m；根粗壮，肥大，倒圆锥形；茎直立，圆柱形，有时带紫红色。叶片椭圆状卵形或卵状披针形，顶端急尖，基部楔形。总状花序顶生或侧生，花白色，微带红晕。果序下垂。浆果扁球形，熟时紫黑色。种子肾圆形；花期 6~8 月，果期 8~10 月。 生于山坡林下，田边路旁。

扯根菜 *Penthorum chinense*（水杨柳、干黄草）chě gēn cài

扯根菜科 扯根菜属

多年生草本；高达 1 m；茎不分枝，具多数叶，上部疏生黑褐色腺毛。叶互生，无柄，披针形，边缘具细重锯齿。聚伞花序具多花；花序分枝与花梗均被褐色腺毛；花小，黄白色；萼片 5，革质，三角形；无花瓣。蒴果红紫色。花果期 7~10 月。生于林下、灌丛草甸及水边湿地。

粟米草 *Trigastrotheca stricta* sù mǐ cǎo

粟米草科 粟米草属

一年生铺散草本；高达 30 cm；茎纤细，多分枝，具棱，无毛，老茎常淡红褐色。叶 3~5 近轮生或对生，茎生叶披针形或线状披针形，中脉明显。花小，聚伞花序梗细长，顶生或与叶对生；花被片 5，外侧棕色，内侧白色。蒴果近球形，与宿存花被等长，3 瓣裂。花期 6~8 月，果期 8~10 月。生于空旷荒地、农田和路旁。

毯粟草 *Mollugo verticillata*（种棱粟米草）tǎn sù cǎo

粟米草科 毯粟草属

一年生铺地草本；高 10~30 cm。基生叶莲座状，叶片倒卵形或倒卵状匙形，3~7 片假轮生或 2~3 片生于节的一侧。花淡白色或绿白色，3~5 朵簇生于节的一侧，有时近腋生。蒴果椭圆形或近球形，宿存花被包围一半以上。种子多数，肾形，栗红色。花期 7~8 月，果期 9~10 月。生于空旷荒地、农田和路旁。

莲子草 *Alternanthera sessilis* lián zǐ cǎo

苋科 莲子草属

多年生草本；高 10~45 cm；茎上升或匍匐，有条纹及纵沟。叶片条状披针形至卵状矩圆形。头状花序 1~4 个，腋生，无总花梗；花密生，花轴密生白色柔毛；花被片卵形，白色。胞果倒心形，侧扁，翅状，深棕色，包在宿存花被片内。花果期 6~10 月。生于村庄附近的草坡、水沟、田边或沼泽。

空心莲子草 *Alternanthera philoxeroides* kōng xīn lián zǐ cǎo 苋科 莲子草属

本种与莲子草十分相似，主要区别为空心莲子草具总花梗，生境同莲子草。

鹅肠菜 *Stellaria aquatica* （鹅肠草、牛繁缕）é cháng cài 石竹科 繁缕属

二年生或多年生草本；长 50~80 cm。叶对生，卵形或宽卵形。顶生二歧聚伞花序；苞片叶状，边缘具腺毛；花梗细，花后伸长并向下弯，密被腺毛；萼片卵状披针形或长卵形，外面被腺柔毛；花瓣白色，2 深裂至基部，雄蕊 10，花柱 5。花果期 3~10 月。生于河流两旁冲积沙地的低湿处、灌丛、林缘和水沟旁。

繁缕 *Stellaria media* （鸡儿肠）fán lǚ

石竹科 繁缕属

一或二年生草本；高 10~30 cm；茎俯仰或上升，被 1~2 列毛。叶片宽卵形或卵形，全缘；基生叶具长柄，向上部叶常无柄或具短柄。疏聚伞花序顶生；花梗细弱，具 1 列短毛，花后伸长，下垂；萼片 5，卵状披针形，外面被短腺毛；花瓣白色，长椭圆形，比萼片短，2 深裂达基部；雄蕊 3~5；花柱 3。花果期 3~10 月。生于田边、路旁草丛中。

无瓣繁缕 *Stellaria mediapallida* （小繁缕）wú bàn fán lǚ

石竹科 繁缕属

一年生草本；长 10~30 cm；茎通常铺散，有时上升，基部分枝有 1 列长柔毛。叶片近卵形，两面无毛。二歧聚伞状花序；花梗细长；萼片披针形，多少被密柔毛；花瓣极小或无花瓣；雄蕊 3~5；花柱 3，极短。花果期 3~10 月。生于花盆、花圃、墙根。

中国繁缕 *Stellaria chinensis* zhōng guó fán lǚ

石竹科 繁缕属

多年生草本；高 30~100 cm；茎细弱，铺散或上升，具四棱，无毛；叶对生，卵形至卵状披针形，两面无毛。聚伞花序疏散，具细长花序梗；花梗细长；萼片 5，披针形；花瓣 5，白色，2 深裂，与萼片近等长；雄蕊 10，稍短于花瓣；花柱 3。蒴果卵萼形，6 齿裂。花期 5~6 月，果期 7~8 月。生于潮湿的林下、石缝处。

雀舌草 *Stellaria alsine*（葶苈子、天蓬草）què shé cǎo

石竹科 繁缕属

二年生草本；高 15~35 cm；全株无毛；茎丛生，多分枝。叶无柄，披针形至长圆状披针形，半抱茎。聚伞花序通常具 3~5 花，顶生或花单生叶腋；花梗细；萼片 5，披针形，中脉明显；花瓣 5，白色，2 深裂几达基部，裂片条形，钝头；雄蕊 5~10；花柱 3，短线形。花果期 4~7 月。生于林下、沟谷、田间、溪岸或潮湿地。

孩儿参 *Pseudostellaria heterophylla* hái ér shēn

石竹科 孩儿参属

多年生草本，高 15~20 cm。茎直立，有 2 列短柔毛。下部叶匙形或倒披针形，基部渐狭；上部叶卵伏披针形、长卵形或菱状卵形；茎顶端两对叶稍密集，较大，成十字形排列。花二型，普通花 1~3 朵顶生，白色；萼片 5，披针形；花瓣 5，矩圆形或倒卵形，顶端 2 齿裂；雄蕊 10；子房卵形，花柱 3，条形。闭锁花生茎下部叶腋，小形；花梗细；萼片 4；无花瓣。蒴果卵形。花果期 4~8 月。常生于山谷阴湿地带。

（张海森摄）

蔓孩儿参 *Pseudostellaria davidii* màn hái ér shēn

石竹科 孩儿参属

多年生草本。茎匍匐，细弱，长 60~80 cm，稀疏分枝，被 2 列毛。叶片卵形或卵状披针形。花二型，普通花单生枝端，花梗细，被 1 列毛；萼片 5，披针形，外面沿中脉被柔毛；花瓣 5，白色，长倒卵形，全缘，比萼片长 1 倍；雄蕊 10，花药紫色，比花瓣短；花柱 3，稀 2；闭锁花通常 1~2 朵腋生；萼片 4，无瓣。蒴果宽卵圆形。花果期 5~8 月。生于林下、溪旁或林缘石质坡。

（张海森摄）

（张海森摄）

无心菜 *Arenaria serpyllifolia*（蚤缀、小无心菜）wú xīn cài

石竹科 无心菜属

一年生或二年生草本；高 10~30 cm；茎丛生，直立或铺散，密生白色短柔毛。叶片卵形，较小，无柄。聚伞花序，具多花；花梗纤细，密生柔毛或腺毛；萼片 5，披针形；花瓣 5，白色；雄蕊 10，花柱 3。蒴果卵圆形，顶端 6 裂；种子小，肾形，表面粗糙，淡褐色。花果期 3~6 月。生于沙质或石质荒地、山坡草地、道路两侧。

山蚂蚱草 *Silene jenisseensis*（旱麦瓶草）shān mǎ zhà cǎo

石竹科 蝇子草属

多年生草本；高 15~45 cm；茎丛生，不分枝，基部常具不育茎。基生叶狭倒披针形或披针状线形，中脉明显。假轮伞状圆锥花序或总状花序；花萼狭钟形，后期微膨大，萼齿卵形或卵状三角形；花瓣白色或淡绿色，瓣片叉状 2 裂达瓣片的中部，裂片狭长圆形。花期 7~8 月，果期 8~9 月。生于砂石质山地，山坡、林下。

坚硬女娄菜 *Silene firma* （粗壮女娄菜）jiān yìng nǚ lóu cài 石竹科 蝇子草属

一年生或二年生草本；高 50~100 cm。叶片交互对生，椭圆状披针形或卵状倒披针形；假轮伞状间断式总状花序；苞片狭披针形；花萼卵状钟形，果期微膨大，脉绿色，萼齿狭三角形；花瓣白色，不露出花萼，爪倒披针形，无毛和耳，瓣片轮廓倒卵形，2 裂。蒴果长卵形。花期 6~7 月，果期 7~8 月。生于山地路旁，林缘。

长蕊石头花 *Gypsophila oldhamiana* （山蚂蚱菜）cháng ruǐ shí tóu huā 石竹科 石头花属

多年生草本；高 60~100 cm；茎数个由根颈处生出，开展，老茎常红紫色。叶片近革质，稍厚，长圆形，两叶基相连成短鞘状，微抱茎。伞房状聚伞花序较密集；苞片卵状披针形；花萼钟形或漏斗状；花瓣白色、粉红色。蒴果卵球形，顶端 4 裂。花期 6~9 月，果期 8~10 月。生于砂石山石缝、林缘、路旁。

尼泊尔蓼 *Persicaria nepalensis* ní bó ěr liǎo

蓼科 蓼属

一年生草本；高 20~40 cm；茎细弱，有分枝。叶卵形或三角状卵形，顶端急尖，基部宽楔形，沿叶柄下延成翅，叶背具黄色透明腺点，抱茎；膜质托叶鞘筒状，淡褐色，顶端斜截形，无缘毛，基部具刺毛；花序头状，顶生或腋生；花被淡红色或白色。花期 7~9 月，果期 9~10 月。生于沟谷溪边。

柳叶刺蓼 *Persicaria bungeana*（本氏蓼）liǔ yè cì liǎo

蓼科 蓼属

一年生草本；高达 90 cm；茎被稀疏的倒生短皮刺。叶披针形或狭椭圆形；托叶鞘筒状，具硬伏毛，顶端截形，具长缘毛。总状花序呈穗状，顶生或腋生，通常分枝，下部间断，花序梗密被腺毛；花被白色或淡红色。花果期 7~9 月。生于山谷草地、田边、路旁湿地。

两栖蓼 *Persicaria amphibia* liǎng qī liǎo

蓼科 蓼属

多年生两栖型草本；水生者茎漂浮，节上生不定根。叶长圆形或椭圆形，浮于水面；托叶鞘筒状，薄膜质。陆生者高 40~60 cm；茎直立，叶披针形，两面被短硬伏毛，全缘，具缘毛；托叶鞘筒状，疏生长硬毛，顶端截形，具短缘毛。总状花序呈穗状，顶生或腋生；花淡红色或白色，雄蕊外露。花果期 5~10 月。生于湖泊边缘的浅水中、沟边及田边湿地。

高山蓼 *Koenigia alpina* （高山神血宁） gāo shān liǎo

蓼科 蓼属

多年生草本；高可达 2 m，茎中上部分枝，下部疏生长硬毛，稀无毛。叶卵状披针形或披针形，密生短缘毛，两面被柔毛；托叶鞘膜质，褐色，开裂，疏被长毛，常脱落。花序圆锥状，顶生，分枝开展，无毛；花被 5 深裂，白色。瘦果卵形，具 3 锐棱，比宿存花被长。花果期 7~10 月。生于山坡草地、林缘。

（张海森摄）

箭头蓼 *Persicaria sagittata* （箭叶蓼） jiàn tóu liǎo

蓼科 蓼属

一年生草本；高 0.3~1.2 m；茎四棱形，沿棱具倒生皮刺。叶互生，长圆状披针形，顶端急尖，基部箭形，下面沿中脉具倒生短皮刺；叶柄具倒生皮刺；托叶鞘膜质，偏斜，无缘毛。花序头状，通常成对，顶生或腋生，花序梗细长，疏生短皮刺；花白色或淡紫红色。花果期 6~10 月。生于山谷湿地、山坡草丛。

戟叶蓼 *Persicaria thumbergii* jǐ yè liǎo

蓼科 蓼属

一年生草本；高达 1 m；茎具纵棱，沿棱具倒生皮刺。叶戟形，两面疏生刺毛，边缘具短缘毛；叶柄下部具倒生皮刺，通常具狭翅；托叶鞘边缘具叶状翅，翅近全缘，具粗缘毛。花序头状，顶生或腋生，花淡红色或白色。花果期 6~10 月。生于山谷湿地、山坡草丛。

拳参 *Bistorta officinalis* （拳蓼）quán shēn

蓼科 拳参属

多年生草本；高 50~90 cm；茎直立，不分枝，通常 2~3 条自根状茎发出。基生叶宽披针形，沿叶柄下延成翅，边缘外卷，微呈波状，叶柄长；茎生叶披针形或线形，无柄；膜质托叶筒状，下部绿色，上部褐色，顶端偏斜，开裂至中部，无缘毛。总状花序呈穗状，顶生，花被白色或淡红色。花果期 7~10 月。生于山坡草地、林缘、路旁。

虎杖 *Reynoutria japonica* hǔ zhàng

蓼科 虎杖属

多年生草本；高 1~2 m；茎直立，粗壮，空心，散生红色或紫红斑点。叶宽卵形或卵状椭圆形，近革质，全缘；膜质托叶鞘，偏斜，褐色。花单性，雌雄异株，圆锥状花序，腋生；雌花花被片外面 3 片背部具翅。花果期 8~10 月。生于山坡灌丛、山谷、路旁。

荞麦 *Fagopyrum esculentum*（甜荞）qiáo mài

蓼科 荞麦属

一年生草本；高 30~90 cm；茎直立，绿色或红色，具纵棱。叶三角形或卵状三角形；下部叶具长叶柄，上部较小近无柄；托叶鞘膜质。花序总状或伞房状；花被白色或淡红色。瘦果卵形，具 3 锐棱，暗褐色。花果期 8~10 月。生于山坡荒地、路旁。

鸡腿堇菜 *Viola acuminata* jī tuǐ jǐn cài

堇菜科 堇菜属

多年生草本；高 10~40 cm；具地上茎，通常 2~4 条丛生。叶片心形，边缘具钝锯齿及短缘毛；托叶草质，叶状，羽状深裂呈流苏状；花具长梗；花瓣 5，白色，最下面花瓣有距，囊状，且花瓣里面常有紫色脉纹。蒴果椭圆形，通常有黄褐色腺点，成熟时三瓣裂。花果期 4~7 月。生于杂木林林下、林缘、灌丛、山坡草地或溪谷湿地等处。

粗毛碎米荠 *Cardamine hirsuta*（碎米荠）cū máo suì mǐ jì

十字花科 碎米荠属

一年生小草本；高 15~35 cm；茎直立或斜升，被较密柔毛，上部毛渐少。基生叶具柄，奇数羽状复叶，有小叶 2~5 对，顶生小叶肾圆形，有 3~5 圆齿，小叶柄明显，侧生小叶卵圆形，较小，基部歪斜；茎生叶小叶窄，多全缘。总状花序生于枝顶，花小；花瓣白色，4 片；长角果线形，稍扁，无毛。花果期 3~11 月。生于山坡、路旁、荒地及耕地的草丛中。

弯曲碎米荠 *Cardamine flexuosa* wān qū suì mǐ jì

十字花科 碎米荠属

一年生或二年生草木；高达 30 cm。基生叶有叶柄，小叶 3~7 对，顶生小叶卵形至长圆形，顶端 3 齿裂；茎生叶有小叶 3~5 对，小叶多为长卵形或线形。总状花序多数生于枝顶，稍呈之字形弯曲，花小；花瓣白色，4 片；长角果线形，扁平。花果期 4~7 月。生于路边、水旁。

垂果南芥 *Catolobus pendulus* chuí guǒ nán jiè

十字花科 垂果南芥属

二年生草本；高 30~170 cm；全株被毛；茎直立，上部有分枝；茎下部的叶长椭圆形至倒卵形，边缘有浅锯齿；茎上部的叶狭长椭圆形至披针形，基部呈心形或箭形，抱茎。总状花序顶生或腋生；萼片椭圆形，背面被毛，花蕾期更密；花瓣白色．长角果线形，稍扁，弧曲。花果期 6~10 月。生于山坡、路旁、河边草丛中及高山灌木林下。

北美独行菜 *Lepidium virginicum* běi měi dú xíng cài

十字花科 独行菜属

一年生或二年生草本；高 20~50 cm；茎单一，直立，上部分枝。基生叶倒披针形，羽状分裂或大头羽裂，裂片大小不等，边缘有锯齿；茎生叶倒披针形或线形。总状花序顶生；萼片椭圆形；花瓣白色，倒卵形。短角果近圆形，扁平，有窄翅，顶端微缺。花果期 5~7 月。生于田边或荒地，为田间杂草。

菥蓂 *Thlaspi arvense* xī mì

十字花科 菥蓂属

一年生草本；高 9~60 cm；茎直立，具棱。叶倒卵状长圆形，基部抱茎，两侧箭形，边缘具疏齿，基生叶具叶柄，向上渐无。总状花序顶生；花白色；花梗细；萼片直立，卵形；花瓣长圆状倒卵形，顶端圆钝或微凹。短角果倒卵形或近圆形，扁平，顶端凹入，边缘有翅。花果期 3~6 月。生于平地路旁，沟边或村落附近。

荠 *Capsella bursa~pastoris*（荠菜） jì

十字花科 荠属

一年生或二年生草本；高 7~50 cm。基生叶丛生呈莲座状，大头羽状分裂，侧裂片 3~8 对；茎生叶窄披针形或披针形，基部箭形，抱茎，边缘有缺刻或锯齿。总状花序顶生及腋生，萼片长圆形；花瓣白色，卵形，有短爪。短角果倒三角形或倒心状三角形，扁平，顶端微凹。花果期 3~5 月；9~12 月。生于山坡、田边及路旁。

苦参 *Sophora flavescens*（山槐、地槐）kǔ shēn

豆科 苦参属

草本或亚灌木；通常高 1 m 左右。羽状复叶长达 25 cm；小叶 6~12 对，椭圆形至披针状线形，中脉下面隆起。总状花序顶生，花多数；花萼钟状，明显歪斜，具不明显波状齿；花冠比花萼长 1 倍，白色或淡黄色，旗瓣倒卵状匙形，翼瓣单侧生，强烈皱褶几达瓣片的顶部，龙骨瓣与翼瓣相似，稍宽。荚果长 5~10 cm。种子间稍缢缩，呈不明显串珠状，熟后开裂。花期 5~7 月，果期 8~9 月。生于山坡、沙地草坡、灌木林中或田野附近。

白花草木樨 *Melilotus albus* bái huā cǎo mù xī

豆科 草木樨属

二年生草本；高 70~200 cm；茎直立，圆柱形，中空，多分枝。羽状三出复叶；托叶尖刺状锥形，全缘；小叶长圆形或倒披针状长圆形，边缘疏生浅锯齿。总状花序腋生，花多数，排列疏松；花冠白色。荚果椭圆形至长圆形，具尖喙，表面脉纹细，网状，棕褐色，成熟时黑褐色。花期 5~7 月，果期 7~9 月。生于田边、路旁荒地及湿润的砂地。

糙叶黄芪 *Astragalus scaberrimus*（粗糙紫云英、糙叶黄耆）cāo yè huáng qí 豆科 黄芪属

多年生草本；高 10 cm；全株密被白色贴伏毛；地上茎不明显或近匍匐。奇数羽状复叶有 7~15 片小叶；小叶椭圆形，两面密被伏贴毛。总状花序生 3~5 花；花冠淡黄色或淡蓝色。荚果披针状长圆形，微弯，具短喙。花果期 3~5 月。生于山坡石砾质草地、沙丘及山坡。

草木樨状黄芪 *Astragalus melilotoides*（草木樨状黄耆）cǎo mù xī zhuàng huáng qí 豆科 棘豆属

多年生草本；高 30~50 cm。奇数羽状复叶，3~7 片小叶；小叶线状长圆形，先端截形或微凹，全缘。总状花序生多数花，稀疏；总花梗比叶长；花冠白色或带粉红色。荚果宽倒卵状球形或椭圆形，先端微凹，具短喙，假 2 室，背部具稍深的沟，有横纹。花期 7~8 月，果期 8~9 月。生于向阳山坡、路旁草地或草甸草地。

露珠草 *Circaea cordata*（牛泷草）lù zhū cǎo

柳叶菜科 露珠草属

多年生草本；高 20~150 cm；全株被毛。叶对生，狭卵形至宽卵形，基部常心形，边缘具锯齿至近全缘。总状花序顶生；萼片卵形至阔卵形，白色或淡绿色，开花时反曲；花瓣白色，倒卵形至阔倒卵形，先端倒心形凹缺。果实倒卵形，外被浅棕色钩状毛。花期 7~9 月，果期 8~10 月。生于林缘、水边、湿润处。

狭叶珍珠菜 *Lysimachia pentapetala* xiá yè zhēn zhū cài

报春花科 珍珠菜属

一年生草本；高 30~60 cm；全体无毛；茎直立，多分枝，密被褐色无柄腺体。叶互生，狭披针形至线形，有褐色腺点；叶柄短。总状花序顶生，初时因花密集而成圆头状，后渐伸长；苞片钻形；花冠白色，仅基部合生。蒴果球形。花期 7~8 月，果期 8~9 月。生于山坡荒地、路旁、田边和疏林下。

泽珍珠菜 *Lysimachia candida* （泽星宿菜）zé zhēn zhū cài

报春花科 珍珠菜属

一年生或二年生草本；茎高 10~30 cm；全体无毛；茎单生或数条簇生，直立。基生叶匙形或倒披针形，具有狭翅的柄；茎叶互生，叶片倒卵形、倒披针形或线形，全缘或微皱呈波状，两面均有黑色或带红色的小腺点，无柄。总状花序顶生，初时呈阔圆锥形；花冠白色，裂片长圆形或倒卵状长圆形，先端圆钝。蒴果球形。花期 3~6 月，果期 4~7 月。生于田边、溪边和山坡路旁潮湿处。

狼尾花 *Lysimachia barystachys* （珍珠菜、虎尾草）láng wěi huā

报春花科 珍珠菜属

多年生草本；高 0.3~1 m；全株密被卷曲柔毛；茎直立。叶互生或近对生，长圆状披针形至线形。总状花序顶生，花密集，常转向一侧；花冠白色，仅基部合生，裂片舌状狭长圆形，常有暗紫色短腺条。蒴果球形。花期 5~8 月，果期 8~10 月。生于林缘、草甸、山坡路旁灌丛。

尖帽草 *Mitrasacme indica* （尖巾草）jiān mào cǎo

马钱科 尖帽草属

一年生草本；高达 15 cm，茎直立，纤细，通常分枝，具明显的四棱或四狭翅。叶卵形至卵状披针形，交互对生。花小，单生于茎上部的叶腋内；花梗丝状；花萼 4 裂至中部，裂片披针形；花冠钟状，花冠管喉部被髯毛，花冠裂片 4~5。蒴果小，近圆球状，顶端有宿存的花柱。花果期 8~9 月。生于砂石质山地路边、旷野草地。

四叶葎 *Galium bungei* sì yè lǜ

茜草科 拉拉藤属

多年生丛生直立草本；高 5~50 cm；茎 4 棱。叶 4 片轮生，两长两短，似蝴蝶状，小叶卵状长圆形至线状披针形。聚伞花序顶生和腋生，总花梗纤细，常 3 歧分枝，形成圆锥状花序；花小；花梗纤细；花冠黄绿色或白色。果爿近球状，通常双生，有小疣点、小鳞片或短钩毛；果柄纤细，常比果长。花果期 5~9 月。生于山地、丘陵、旷野、田间、沟边的林中、灌丛或草地。

夏至草 *Lagopsis supina*（白花夏枯草、灯笼棵）xià zhì cǎo

唇形科 夏至草属

多年生草本；高 15~35 cm；全株密被微柔毛；茎四棱形，具沟槽，常在基部分枝。叶 3 深裂，裂片有圆齿或长圆形犬齿，基部越冬叶较宽大，具长叶柄，掌状 3~5 出脉。轮伞花序；小苞片稍短于萼筒，弯曲，刺状；花萼管状钟形，先端刺尖；花冠白色，冠檐二唇形，花期 3~5 月，果期 5~6 月。常成片生长于田边、路旁、旷地上。

薄荷 *Mentha canadensis*（野薄荷）bò hé

唇形科 薄荷属

多年生草本；高 30~60 cm；植株有浓烈的香气；茎直立，下部数节具纤细的须根及水平匍匐根状茎，锐四棱形，具四槽，多分枝。叶片长圆状披针形至卵状披针形，边缘在基部以上有锯齿。轮伞花序腋生，轮廓球形；花萼管状钟形；花冠白色或淡紫，4 裂，上裂片较大。花期 7~9 月，果期 10 月。生于水旁潮湿处。

地笋 *Lycopus lucidus* dì sǔn

紫草科 地笋属

多年生草本；高 0.6~1.7 m；根茎横走，先端肥大呈圆柱形；茎直立，四棱形，具槽，绿色.叶长圆状披针形，弧弯，边缘具锐尖粗牙齿状锯齿。轮伞花序无梗，轮廓圆球形，多花密集；花萼钟形，具刺尖；花冠白色，外面在冠檐上具腺点，内面在喉部具白色短柔毛，不明显二唇形。花期 6~10 月，果期 8~11 月。生于沼泽地、水边、沟边等潮湿处。

挂金灯 *Alkekengi officinarum* var. *franchetii*（红姑娘）guà jīn dēng

茄科 酸浆属

多年生草本；高 40~80 cm；茎较粗壮，茎节膨大。叶长卵形至阔卵形，全缘而波状或者有粗齿，仅叶缘有短毛。花萼阔钟状，萼齿三角形；花冠白色，裂片开展；果梗无毛。果萼卵状，网脉显著，有 10 纵肋，橙色或火红色，顶端闭合；浆果球状，橙红色。花果期 7~11 月。常生于田野、沟边、山坡草地、林下或路旁水边。

龙葵 *Solanum nigrum*（天星星）lóng kuí

茄科 茄属

一年生直立草本；高 0.25~1 m；茎绿色或紫色。叶卵形，全缘或每边具不规则的波状粗齿。蝎尾状花序腋外生，由 3~10 花组成；花萼小，浅杯状；花冠白色，5 深裂，裂片卵圆形。浆果球形，熟时黑色。种子多数，近卵形，两侧压扁。花果期 5~11 月。生于田边，荒地及村庄附近。

曼陀罗 *Datura stramonium*（臭蓖麻）màn tuó luó

茄科 曼陀罗属

一年生草本；高 0.5~1.5 m；茎粗壮，圆柱状，淡绿色或带紫色。叶广卵形，边缘有不规则波状浅裂或波状牙齿；花单生于枝叉间或叶腋，直立；花萼筒有 5 棱角，棱间稍向内陷，基部稍膨大，5 浅裂；花冠漏斗状，下半部带绿色，上部白色或淡紫色，5 浅裂，裂片有短尖头。蒴果直立生，卵状，表面常生有坚硬针刺，成熟后淡黄色，规则 4 瓣裂。种子卵圆形，黑色。花果期 6~10 月。常生于村边、路旁垃圾堆和建筑荒地。

毛曼陀罗 *Datura innoxia* máo màn tuó luó

茄科 曼陀罗属

一年生草本；高 1~2 m；全体密被细腺毛和短柔毛；茎粗壮，分枝灰绿色或微带紫色。叶片广卵形，全缘而微波状或有不规则的疏齿。花单生于枝叉间或叶腋；花梗初直立，后渐转向下弓曲；花萼圆筒无棱角，向下渐稍膨大，5 裂，果时向外反折；花冠白色，呈喇叭状，边缘有 10 尖头。蒴果俯垂，近球状，密生细针刺，成熟后淡褐色，由近顶端不规则开裂。种子扁肾形，褐色。花果期 6~10 月。常生于村边、路旁垃圾堆和建筑荒地。

砂引草 *Tournefortia sibirica* shā yǐn cǎo

紫草科 紫丹属

多年生草本，高达 40 cm。茎直立或外倾，多分枝，密被糙伏毛。叶椭圆形或窄卵形，两面密被短糙伏毛；近无柄。花序顶生，花冠筒漏斗形，黄白色，冠檐裂片常稍扭曲，边缘微波状，上部被毛。核果短长圆形或宽卵圆形，密被短伏毛，顶端微凹，具微纵肋。花果期 5~7 月。生于海滨沙地、荒漠或山坡。

田紫草 *Lithospermum arvense*（麦家公）tián zǐ cǎo 紫草科 紫草属

一年生草本；高 15~35 cm；全株有短糙伏毛。叶无柄，倒披针形至线形。聚伞花序生枝上部，苞片与叶同形而较小；花序排列稀疏，有短花梗；花萼裂片线形；花冠高脚碟状，白色、蓝色或淡蓝色，直立或稍开展，喉部有 5 条延伸到筒部的毛带。花果期 3~6 月。生于丘陵、低山草坡或田边。

（张海森摄）

荠苨 *Adenophora trachelioides*（杏叶沙参、老母鸡肉）jì nǐ 桔梗科 沙参属

多年生草本；高 40~120 cm；全株具白色乳汁。叶心形或三角状卵形，具柄，边缘具单锯齿或重锯齿。花序分枝大多长而几乎平展，组成大圆锥花序；花萼筒部倒三角状圆锥形；花冠钟状，蓝色、蓝紫色或白色；花柱与花冠近等长。蒴果卵状圆锥形。花期 7~10 月。生于山地、林下、灌草丛中。

兔儿伞 *Syneilesis aconitifolia* tù ér sǎn

菊科 兔儿伞属

多年生草本；茎直立，高 70~120 cm，不分枝。叶通常 2，叶片盾状圆形，掌状深裂；裂片 7~9，每裂片再次 2~3 浅裂，线状披针形。头状花序多数，在茎端密集成复伞房状，小花 8~10，花冠淡粉白色。瘦果圆柱形无毛，具肋。花期 6~7 月，果期 8~10 月。生于山坡荒地林缘或路旁。

林泽兰 *Eupatorium lindleyanum* （白鼓钉、尖佩兰）lín zé lán

菊科 泽兰属

多年生草本；高 30~150 cm；茎直立，全株被稠密的白色柔毛。叶对生，无柄，条状披针形，不分裂或 3 全裂，三出基脉，两面粗糙。头状花序多数，在茎顶或枝端排成紧密的伞房花序；总苞钟状，绿色或紫红色；花白色、粉红色或淡紫红色。花果期 7~10 月。生于山谷阴处水湿地、林下湿地或草原上。

白头婆 *Eupatorium japonicum* （泽兰） bái tóu pó

菊科 泽兰属

多年生草本；高 50~200 cm；茎直立，不分枝，被短柔毛。叶对生，具叶柄，柄长 1~2 cm；叶椭圆形至披针形，两面粗涩，被柔毛及黄色腺点，边缘有粗锯齿，叶脉在下面突起。头状花序在茎顶或枝端排成伞房花序，疏松；总苞钟状；花白色或带红紫色或粉红色。花果期 7~9 月。生于山坡草地、密疏林下、灌丛中、水湿地及河岸水旁。

山马兰 *Aster lautureanus* （山鸡儿肠、紫菀） shān mǎ lán

菊科 紫菀属

多年生草本；高 50~100 cm。叶厚或近革质，下部叶花期枯萎；中部叶披针形或矩圆状披针形，无柄，有疏齿或羽状浅裂，分枝上的叶全缘，全部叶两面疏生短糙毛或无毛，边缘均有短糙毛。头状花序排成伞房状；总苞片近革质，边缘膜质；舌状花淡蓝色；管状花黄色。瘦果倒卵形，扁平，冠毛极短。花果期 7~10 月。生于山坡、草原、灌丛。

全叶马兰 *Aster pekinensis* （全叶鸡儿肠）quán yè mǎ lán

菊科 紫菀属

多年生草本；高 30~70 cm；中部以上帚状分枝。叶下面灰绿，两面密被粉状短茸毛；下部叶花期枯萎；中上部叶多而密，条状披针形，全缘，边缘稍反卷。头状花序排成疏伞房状；总苞片 3 层，草质，覆瓦状排列；舌片淡紫色或淡红色，有时近白色，管状花黄色。瘦果倒卵形，冠毛极短且易脱落。花果期 7~9 月。生于山坡、林缘、灌丛、路旁。

东风菜 *Aster scaber* （草三七）dōng fēng cài

菊科 紫菀属

多年生草本；高 100~150 cm。叶两面被微糙毛，有三出脉或五出脉，网脉显明；基部叶花期枯萎，叶心形，边缘有具小尖头的齿，基部急狭成长柄；中部叶较小，卵状三角形，有具翅的短柄；上部叶小，矩圆披针形或条形。头状花序排成圆锥伞房状；舌状花约 10 个，舌片白色，线状长圆形；管状花黄色。瘦果椭圆形，冠毛污黄白色。花果期 7~10 月。生于林缘、林下、山谷坡地和灌丛。

三脉紫菀 *Aster ageratoides* （三褶脉紫菀）sān mài zǐ wǎn

菊科 紫菀属

多年生草本；高 40~100 cm。叶形多变；叶片宽卵圆形至长圆状披针形，边缘有锯齿，离基三出脉；基生叶具长柄，向上渐无。头状花序排列成伞房状；舌状花线状长圆形，紫色，浅红色或白色，管状花黄色。瘦果倒卵状长圆形，冠毛浅红褐色或污白色。花果期 8~10 月。生于林下、林缘、灌丛及山谷湿地。

女菀 *Turczaninovia fastigiata* nǚ wǎn

菊科 女菀属

多年生草本；高 30~100 cm；枝被短柔毛。叶互生，条状披针形，基部渐狭成短叶柄，全缘，下面被密短毛及腺点，上面边缘有糙毛，稍反卷。头状花序多数密集成复伞房状；外围有 1 雌花，雌花舌状，舌片白色，椭圆形；中央多数两性花，花冠筒状，有 5 个裂片。花果期 8~10 月。生于林下、林缘、沟谷。

狗娃花 *Aster hispidus* gǒu wá huā

菊科 狗娃花属

一年生或二年生草本；高 30~150 cm；茎常单生，被上曲或开展的粗毛，下部常脱毛，有分枝。叶两面被疏毛或无毛，边缘有疏毛，中脉及侧脉显明；下部叶花期枯萎，倒卵形，全缘或有疏齿；中部叶长圆状披针形或条形，常全缘，上部叶小，条形。头状花序排列成伞房状；总苞片 2 层，近等长，条状披针形，草质；舌状花淡紫色、淡红色或白色，线状长圆形，管状花黄色；冠毛较长。花果期 8~10 月。生于山地、路旁、林缘及灌草地。

阿尔泰狗娃花 *Aster altaicus* ā ěr tài gǒu wá huā

菊科 狗娃花属

多年生草本；高 20~60 cm；植株较矮小，被上曲的短贴毛，从基部分枝，上部有少数分枝。叶互生，条状披针形或匙形，叶片两面被毛，粗糙。头状花序单生于枝顶；总苞片 2~3 层，草质，被毛和腺体，边缘膜质；舌片淡紫色或白色，管状花黄色。花果期 4~11 月。生于山地、路旁、林缘及草地。

一年蓬 *Erigeron annuus* yī nián péng

菊科 飞蓬属

一年生或二年生草本；高 30~100 cm。基生叶长圆形或宽卵形，边缘具粗齿，花期枯萎；下部叶与基部叶同形，但叶柄较短；中部和上部叶较小，长圆状披针形，近无柄，边缘有锯齿或全缘；最上部叶线形；全部叶片两面被疏短硬毛。头状花序多数，排列成疏圆锥花序；舌状花 2 层，白色或淡蓝色，线形，顶端具 2 小齿；管状花黄色。瘦果披针形。花果期 6~11 月。常生于田边、沟谷、路旁或山坡荒地。

火绒草 *Leontopodium leontopodioides*（火绒蒿）huǒ róng cǎo

菊科 火绒草属

多年生草本；高 5~45 cm；花茎直立，被灰白色长柔毛或白色近绢状毛，不分枝或有时上部有伞房状或近总状花序枝；下部叶在花期枯萎、宿存。叶条形，有长尖头，无柄，上面灰绿色，被柔毛，下面被白色或灰白色密棉毛；雌雄异株。雌株常有较长的花序梗，头状花序排列成伞房状；包叶叶状，两面被灰白色棉毛；总苞被白色棉毛；雄花花冠狭漏斗状，有小裂片；雌花花冠丝状。花果期 4~9 月。生于山地灌草丛中。

香青 *Anaphalis sinica*（通肠香）xiāng qīng

菊科 香青属

多年生草本；高 20~50 cm；茎直立，丛生，被白色或灰白色棉毛。叶线形，两面被白色或黄白色厚棉毛，下部叶在花期枯萎。头状花序多数，密集成复伞房状；总苞钟状或近倒圆锥状；总苞片 6~7 层，乳白色或污白色；雌雄异株；花白色，极少数为红色。花果期 7~11 月。生于山坡、草地、林下、灌草丛。

鳢肠 *Eclipta prostrata*（旱莲草）lǐ cháng

菊科 鳢肠属

一年生草本；高达 60 cm；茎直立，斜升或平卧，通常自基部分枝，被贴生糙毛。叶长圆状披针形或披针形，无柄或有极短的柄，边缘有细锯齿或波状，两面被密硬糙毛。头状花序具细花序梗；舌状花和管状花白色。雌花瘦果三棱形，两性花瘦果扁四棱形，边缘具白色肋，有小瘤突，无毛。花果期 7~11 月。常生于河边、田边或路旁。

藿香蓟 *Ageratum conyzoides*（胜红蓟）huò xiāng jì

菊科 藿香蓟属

一年生草本；高 50~100 cm；茎枝被白色短柔毛或长茸毛。叶对生，有时上部互生；叶卵形、椭圆形或长圆形，基出三脉或不明显五出脉，边缘圆锯齿，有叶柄，两面被白色柔毛及黄色腺点；自中部叶向上或向下叶逐渐变小。头状花序在茎顶排成通常紧密的伞房状花序；花梗被尘状短柔毛；花冠檐部 5 裂，白色或淡紫色。花果期 8~10 月。原产于南美洲，生于山谷、山坡林下、林缘、河边或山坡草地。

粗毛牛膝菊 *Galinsoga quadriradiata* cū máo niú xī jú

菊科 牛膝菊属

一年生草本；高 10~80 cm；全株密被长柔毛。叶对生，卵形或长椭圆状卵形，基出三脉，两面粗涩，叶边缘有粗锯齿或犬齿，具叶柄。头状花序多数，在茎枝顶端排成伞房花序；舌状花 4~5 个，舌片白色，顶端 3 齿裂；管状花黄色。花果期 6~11 月。原产于南美洲，生于林下、河谷地、荒野、河边、田间、村边和路旁。

黄精 *Polygonatum sibiricum*（鸡头黄精）huáng jīng

天门冬科 黄精属

多年生草本；根状茎圆柱状，结节膨大；茎高 50~90 cm。叶轮生，每轮 4~6 枚，条状披针形，先端拳卷或弯曲成钩。花序通常具 2~4 朵花，似成伞形状，俯垂；苞片位于花梗基部，膜质，钻形或条状披针形，具 1 脉；花被乳白色至淡黄色，花被筒中部稍缢缩。浆果直径 7~10 mm，黑色。花果期 5~9 月。生于林下、灌丛或山坡阴处。

玉竹 *Polygonatum odoratum* yù zhú

天门冬科 黄精属

多年生草本；高 20~50 cm；具圆柱形根状茎；茎秆常斜上升，具 7~12 叶。叶互生，椭圆形至卵状矩圆形，上面绿色，下面灰白色，叶脉弧形，下面脉上平滑至呈乳头状粗糙。花序具 1~3 花，总花梗长 1~1.5 cm，无苞片或有条状披针形苞片；花被黄绿色至白色，花被筒较直。浆果球形，蓝黑色，被白粉。花果期 5~9 月。生于林下、山坡和沟谷，多生于阴坡。

热河黄精 *Polygonatum macropodum*（多花黄精）rè hé huáng jīng

天门冬科 黄精属

本种同玉竹非常相似，和玉竹的区别仅在于根状茎较粗壮，花序具较长的总花梗（3~5 cm）和较多的花。花果期和生境同玉竹。

花紫色、蓝紫色、紫红色

展毛乌头 *Aconitum carmichaelii* var. *truppelianum*（草乌）

zhǎn máo wū tóu

毛茛科 乌头属

多年生高大草本；高 60~200 cm；块根倒圆锥形，粗 1~1.6 cm；茎中部叶有长柄。叶片五角形，基部浅心形 3 裂，中央裂片宽菱形，急尖。顶生总状花序，花序轴及花梗被开展的柔毛；下部苞片 3 裂；萼片蓝紫色，上萼片盔形，花瓣无毛，包于花萼内。蓇葖果、种子三棱形。花果期 8~10 月。生于山地草坡、林边或灌丛中。

紫花耧斗菜 *Aquilegia viridiflora* var. *atropurpurea*（紫花菜） 毛茛科 耧斗菜属

zǐ huā lóu dǒu cài

多年生草本；高 15~50 cm；根肥大，粗状外皮黑褐色。基生叶二回三出复叶；小叶片楔状倒卵形，上部三裂，裂片常有 2~3 个圆齿，背面被短柔毛或近无毛；茎生叶较小。花 3~7 朵；花瓣 5，紫色，瓣片顶端近截形，基部有长距，直或稍弯；雄蕊伸出花冠外。蓇葖果上部向外弯曲。花期 3~5 月，果期 5~6 月。生于山谷、河边和潮湿草地。

大叶铁线莲 *Clematis heracleifolia*（气死大夫）dà yè tiě xiàn lián 毛茛科 铁线莲属

亚灌木；高约 30~100 cm；茎粗壮，有明显的纵条纹。三出复叶；小叶卵圆形，边缘有不整齐的粗锯齿。聚伞花序顶生或腋生，花杂性，雄花与两性花异株；花萼下半部呈管状，顶端常反卷；萼片 4 枚，蓝紫色，外面有短柔毛，边缘密生茸毛。瘦果卵圆形，红棕色，被短柔毛，宿存花柱丝状，有白色长柔毛。花期 7~9 月，果期 9~10 月。生于山坡沟谷、林边及路旁的灌丛中。

地丁草 *Corydalis bungeana* dì dīng cǎo

罂粟科 紫堇属

二年生草本；高 10~50 cm。基生叶多数，叶柄约与叶片等长，基部多少具鞘；叶片上面绿色，下面苍白色，二至三回羽状全裂。总状花序多花，先密集，后疏离，果期伸长；花粉红色至淡紫色，平展。蒴果椭圆形，下垂，具 2 列种子。花果期 3~5 月。生于砂石山地或农田堰边。

青葙 *Celosia argentea*（狗尾草）qīng xiāng

苋科 青葙属

一年生草本；高 0.3~1 m；茎直立，有分枝，具显明条纹。叶互生，矩圆披针形或披针状条形，绿色常带红色。花多数，密生成圆柱状穗状花序；花被片长圆状披针形，初为白色顶端带红色，或全部粉红色，后成白色，顶端渐尖。胞果卵形，包裹在宿存花被片内。花果期 5~10 月。生于田边、路旁。

麦瓶草 *Silene conoidea*（米瓦罐、面条棵）mài píng cǎo

石竹科 蝇子草属

一年生草本；高 25~60 cm；全株被短腺毛；茎单生，直立，不分枝，节间膨大。叶对生，基生叶匙形，茎生叶长圆形或披针形。二歧聚伞花序具数花；花萼圆锥形，绿色，基部脐形，果期膨大；花瓣淡红色，瓣片倒卵形。蒴果梨状。种子肾形，暗褐色。花期 5~6 月，果期 6~7 月。生于田边、路旁。

女娄菜 *Silene aprica*（王不留行、霞草）nǚ lóu cài

石竹科 蝇子草属

一年生或二年生草本；高 30~70 cm；全株密被灰色短柔毛。叶对生，基生叶倒披针形或狭匙形，中脉明显；茎生叶倒披针形至线状披针形。圆锥花序较大型；苞片披针形；花萼卵状钟形，萼齿三角状披针形；花瓣白色或淡红色，瓣片倒卵形，2 裂。蒴果卵形。种子圆肾形，灰褐色。花期 5~7 月，果期 6~8 月。生于山坡、路旁、林缘。

鹤草 *Silene fortunei*（蚊子草、蝇子草）hè cǎo

石竹科 蝇子草属

多年生草本；高 50~100 cm；茎丛生，直立，多分枝。叶对生，基生叶倒披针形或披针形，中脉明显。聚伞状圆锥花序，小聚伞花序对生，有黏质，花梗细；苞片线形，花萼长筒状，果期上部微膨大呈筒状棒形；花瓣淡红色，2 裂达瓣片的一半。蒴果长圆形。种子圆肾形，深褐色。花期 7~8 月，果期 8~10 月。生于低山草坡或灌丛草地、沟谷及路旁。

麦蓝菜 *Gypsophila vaccaria*（王不留行）mài lán cài

石竹科 石头花属

一年生或二年生草本；高 30~70 cm；全株无毛，微被白粉，呈灰绿色。叶片卵状披针形或披针形，微抱茎，具 3 基出脉。伞房花序稀疏；苞片披针形，着生花梗中上部；花萼卵状圆锥形，后期微膨大呈球形，棱绿色，棱间绿白色；花瓣白色或淡红色。蒴果宽卵形或近圆球形。种子近圆球形，红褐色至黑色。花果期 4~6 月。生于田边、路旁。

（张海森摄）

石竹 *Dianthus chinensis* （洛阳花） shí zhú

石竹科 石竹属

多年生草本；高 30~50 cm。叶片线状披针形，中脉较显。花单生枝端或数花集成聚伞花序；花萼圆筒形，有纵条纹，萼齿披针形，直伸，顶端尖，有缘毛；花瓣倒卵状三角形，紫红色、粉红色、鲜红色或白色，顶缘不整齐齿裂，喉部有斑纹，疏生髯毛。蒴果圆筒形，包于宿存萼内，顶端 4 裂。花期 5~6 月，果期 7~9 月。生于山坡草地、灌丛。

春蓼 *Persicaria maculosa* （桃叶蓼） chūn liǎo

蓼科 蓼属

一年生草本；高可达 1.2 m；茎多分枝，疏生短毛。叶披针形或椭圆形，两面疏生短硬伏毛，下面中脉上毛较密，上面近中部有时具黑褐色斑点，边缘具粗缘毛；托叶鞘筒状，膜质，疏生柔毛，顶端缘毛长 1~3 mm。总状花序呈穗状，较紧密，花被通常 5 深裂，紫红色。花期 6~9 月，果期 7~10 月。生于山地林缘、路旁、湿润处。

酸模叶蓼 *Persicaria lapathifolia*（大马蓼、旱苗蓼）suān mó yè liǎo

蓼科 蓼属

一年生草本；高 40~90 cm；茎节部膨大，无毛。叶互生，披针形或宽披针形，上面绿色，常有一个大的黑褐色新月形斑点，全缘，边缘具粗缘毛；膜质托叶鞘筒状，淡褐色，无毛，具多数脉，顶端截形，无缘毛。总状花序呈穗状，顶生或腋生，花紧密；花被淡红色或白色。花期 7~8 月，果期 8~9 月。生于河边、水旁或路边。

绵毛酸模叶蓼 *Persicaria lapathifolia* var. *Salicifolia*

mián máo suān mó yè liǎo

蓼科 蓼属

本种为酸模叶蓼的变种，与酸模叶蓼区别在于本种叶片背面密被白色绵毛。

水蓼 *Persicaria hydropiper*（辣蓼）shuǐ liǎo

蓼科 蓼属

一年生草本；高 40~70 cm；茎节部膨大，无毛。叶互生，披针形或椭圆状披针形，具辛辣味；膜质托叶鞘筒状，褐色，疏生短硬伏毛，顶端截形，具短缘毛，通常托叶鞘内藏有花簇。总状花序呈穗状，常下垂，花稀疏，下部间断；花被绿色，上部白色或淡红色。花期 5~9 月，果期 6~10 月。生于河滩、沟边、山谷湿地。

长鬃蓼 *Persicaria longiseta*（马蓼）cháng zōng liǎo

蓼科 蓼属

一年生草本；高 40~60 cm。叶披针形，上面近无毛，下面沿叶脉具短伏毛；膜质托叶鞘顶端具长缘毛。穗状花序直立，花被淡红或紫红色。瘦果宽卵形，具 3 棱。花期 7~10 月，果期 8~11 月。生于河滩、沟边、山谷湿地或路旁。

（张海森摄）

圆基长鬃蓼 *Persicaria longiseta* var. *rotundata* yuán jī cháng zōng liǎo

蓼科 蓼属

本种为长鬃蓼变种，与长鬃蓼的不同之处：叶基部圆形或近圆形；花被片白色或淡红色。生于河滩、沟边、山谷湿地或路旁。

诸葛菜 *Orychophragmus violaceus*（二月蓝）zhū gé cài

十字花科 诸葛菜属

一年生或二年生草本；高 10~50 cm。基生叶及下部茎生叶大头羽状全裂，全缘或有牙齿；上部叶长圆形或窄卵形，基部耳状，抱茎，边缘有不整齐牙齿。花紫色、浅红色或褪成白色；花萼筒状，紫色；花瓣宽倒卵形，密生细脉纹。长角果线形，具 4 棱，裂瓣有 1 凸出中脊。种子卵形至长圆形，稍扁平，黑棕色，有纵条纹。花果期 4~6 月。生于山地、路旁。

地榆 *Sanguisorba officinalis* dì yú

蔷薇科 地榆属

多年生草本；高 30~120 cm；茎直立，有棱。羽状复叶，小叶 2~7 对，卵形或长圆状卵形，边缘有多数粗大圆锯齿。穗状花序圆柱形，从花序顶端向下开放，无瓣，萼片 4，紫红色，花瓣状。果实包藏在宿存萼筒内，外面有 4 棱。花果期 7~10 月。生于山坡草地、灌丛中、疏林下。

长柄山蚂蝗 *Hylodesmum podocarpum* cháng bǐng shān mǎ huáng

豆科 长柄山蚂蝗属

多年生草本；高 50~100 cm。叶为羽状三出复叶，小叶 3；顶生小叶宽倒卵形，全缘，侧生小叶斜卵形，较小，偏斜。总状花序或圆锥花序；总花梗被毛；通常每节生 2 花；花冠紫红色。荚果通常有荚节 2；荚节被钩状毛和小直毛，易断裂，稍有网纹。花果期 8~9 月。生于山坡路旁、草坡、次生阔叶林下。

长萼鸡眼草 *Kummerowia stipulacea*（掐不齐）cháng è jī yǎn cǎo 豆科 鸡眼草属

一年生草本；高 7~15 cm；多分枝，茎和枝上被疏生向上的白毛。托叶卵形；叶为三出羽状复叶；小叶倒卵形，下面中脉及边缘有毛，侧脉多而密。花常 1~2 朵腋生；花冠上部淡紫色，旗瓣中部具暗紫色斑纹，翼瓣白色，龙骨瓣上面有暗紫色斑点。荚果椭圆形或卵形，稍侧扁。花期 7~8 月，果期 8~10 月。生于路旁、草地、山坡等处。

达乌里黄芪 *Astragalus dahuricus*（兴安黄耆、达乌里黄耆）dá wū lǐ huáng qí 豆科 黄芪属

一年生或二年生草本；高达 80 cm；全株被开展、白色柔毛；茎有细棱。羽状复叶有 11~23 片小叶；小叶长圆形。总状花序较密，生 10~20 花；花萼斜钟状；花冠紫色。荚果线形，先端凸尖喙状，直立，内弯，具横脉，假 2 室。花期 7~9 月，果期 8~10 月。生于海拔 400~2500 m 的山坡和河滩草地。

歪头菜 *Vicia unijuga* wāi tóu cài

豆科 野豌豆属

多年生草本；高 40~100 cm；通常数茎丛生，具棱。托叶戟形或近披针形，边缘有不规则齿蚀状；小叶一对，卵状披针形。总状花序明显长于叶；花萼紫色，斜钟状或钟状；花冠蓝紫色、紫红色或淡蓝色，具深紫色斑纹。荚果扁、长圆形，近革质，两端渐尖，先端具喙，成熟时腹背开裂，果瓣扭曲。花期 6~7 月，果期 8~9 月。生于山地、林缘、沟边及灌丛。

确山野豌豆 *Vicia kioshanica*（山豆根、确山巢菜）què shān yě wān dòu

豆科 野豌豆属

多年生草本；高 20~80 cm。偶数羽状复叶，叶顶端具卷须；托叶半箭头形，2 裂，有锯齿；小叶 3~7 对，近互生，长圆形，具短尖，下面密被长柔毛。总状花序长可达 20 cm，柔软而弯曲，明显长于叶；花萼钟状，具长柔毛；花冠紫色或紫红色。荚果菱形或长圆形。花期 4~6 月，果期 6~9 月。生于山坡、路旁灌丛。

窄叶野豌豆 *Vicia sativa* subsp. *nigra* zhǎi yè yě wān dòu

豆科 野豌豆属

一年生草本；高 20~80 cm；偶数羽状复叶，叶轴顶端卷须发达。小叶 4~6 对，线形或线状长圆形，具短尖。花 1~2 腋生，有小苞叶；花萼钟形，萼齿 5，三角形，外面被黄色疏柔毛；花冠红色或紫红色。荚果长线形，微弯，种皮黑褐色，革质。花期 3~6 月，果期 5~9 月。生于河滩、山沟、谷地、田边草丛。

大花野豌豆 *Vicia sativa* subsp. *nigra*（三齿萼野豌豆）dà huā yě wān dòu

豆科 野豌豆属

一年生缠绕或匍匐草本；高 15~50 cm。羽状复叶，互生，先端有卷须；小叶 3~5 对，长圆形，先端平截微凹，具短尖。总状花序长于叶或与叶轴近等长；具花 2~4 朵，着生于花序轴顶端，萼钟形，被疏柔毛，萼齿披针形；花冠红紫色或近蓝紫色。荚果扁长圆形。花期 4~5 月，果期 6~7 月。生于山坡、谷地、草丛、田边及路旁。

广布野豌豆 *Vicia cracca* guǎng bù yě wān dòu

豆科 野豌豆属

多年生攀缘或蔓生草本；高 40~150 cm；茎有棱，被柔毛。偶数羽状复叶，叶轴先端卷须 2~3 分支；托叶半箭头形；小叶互生，5~12 对，长圆形。花多数，10~40 朵密集一面，着生于总花序轴上部；花冠紫色；旗瓣长圆形，中部缢缩呈提琴形，先端微缺。荚果长圆形或长圆菱形，先端有喙。花果期 5~9 月。生于路旁、林缘、山坡、河滩草地及灌丛。

苜蓿 *Medicago sativa* （紫苜蓿） mù xu

豆科 苜蓿属

多年生草本；高 0.3~1 m。羽状三出复叶；托叶大，卵状披针形；小叶长卵形至线状卵形，边缘 1/3 以上具锯齿。花序总状或头状；苞片线状锥形，比花梗长或等长，花萼钟形，萼齿比萼筒长；花冠深蓝或暗紫色。荚果螺旋状，紧卷 2~6 圈，脉纹不清晰。花果期 4~9 月。多为栽培植物，有时逸为野生，生于田边、路旁、旷野、草原、河岸或沟谷。

千屈菜 *Lythrum salicaria*（水柳、对叶莲）qiān qū cài

千屈菜科 千屈菜属

多年生草本；高达 1.5 m；茎多分枝，全株青绿色，枝通常具 4 棱。叶交互对生或三叶轮生，狭披针形，全缘，无柄，有时基部略抱茎。花枝似大型穗状花序；花萼筒状，有纵棱，稍被粗毛，裂片 6，三角形；花瓣 6，红紫色或淡紫色，倒披针状长椭圆形。蒴果扁圆形，成熟时褐色。花期 6~8 月；果期 7~10 月。生于河岸、湖畔、溪沟边和潮湿草地。

远志 *Polygala tenuifolia*（小草根、小草）yuǎn zhì

远志科 远志属

多年生草本；高 15~50 cm；茎多数丛生，直立或倾斜。单叶互生，线形至线状披针形。总状花序生于小枝顶端，略俯垂；花蓝紫色或淡蓝色，似蝶形花，花瓣 3，中央一片顶端具流苏状附属物；雄蕊 8，花丝下部合生成鞘，上部分离。蒴果圆形，顶端微凹，具狭翅黑色。花果期 5~9 月。生于草原、山坡草地、灌丛中以及杂木林下。

西伯利亚远志 *Polygala sibirica*（卵叶远志、大远志）xī bó lì yà yuǎn zhì

远志科 远志属

多年生草本。叶披针形至椭圆状披针形，互生，具短柄。总状花序腋外生或假顶生；花蓝紫色，花瓣 3，中央 1 片顶端具流苏状附属物；雄蕊 8，花丝下部合生成鞘，上部分离。蒴果近倒心形。花期 5~7 月，果期 6~9 月。生于山地灌丛，林缘或草地。

牻牛儿苗 *Erodium stephanianum*（太阳花、参达木子嘴）máng niú ér miáo

牻牛儿苗科 牻牛儿苗属

多年生草本；高 15~50 cm；茎多数，仰卧或蔓生，具节，全株被柔毛。叶对生；基生叶和茎下部叶具长柄；叶片轮廓卵形或三角状卵形，二回羽状深裂，小裂片卵状条形。伞形花序长于叶；萼片先端具长芒，被长糙毛；花瓣紫红色，倒卵形。蒴果成熟时，5 个果爿与中轴分离，喙部呈螺旋状卷曲。花期 3~5 月，果期 4~6 月。生于山坡、农田边、路旁或草丛。

老鹳草 *Geranium wilfordii* lǎo guàn cǎo

牻牛儿苗科 老鹳草属

多年生草本；高 30~50 cm；茎直立，单生，假二叉状分枝，被倒向短柔毛。叶对生；基生叶肾状 5 深裂，茎生叶 3 深裂；裂片长卵形，上部齿状浅裂。花序腋生和顶生，稍长于叶，总花梗具 2 花；苞片钻形；萼片先端具细尖头；花瓣淡红色，倒卵形，与萼片近等长。蒴果被短柔毛和长糙毛。花期 7~8 月，果期 8~9 月。生于低山林下、草甸。

鼠掌老鹳草 *Geranium sibiricum* shǔ zhǎng lǎo guàn cǎo

牻牛儿苗科 老鹳草属

一年生或多年生草本；高 30~70 cm；茎仰卧或近直立，多分枝，被倒向疏柔毛。叶对生；叶片掌状 5 深裂，裂片倒卵形，上部不规则齿裂。总花梗丝状，具 1 花；萼片具短尖头；花瓣倒卵形，淡紫色。蒴果被疏柔毛，果梗下垂。种子肾状椭圆形，黑色。花期 6~7 月，果期 8~9 月。生于林缘、疏灌丛、河谷草甸。

野老鹳草 *Geranium carolinianum* yě lǎo guàn cǎo

牻牛儿苗科 老鹳草属

一年生草本；高 20~60 cm；全株被柔毛。基生叶早枯，茎生叶互生或最上部对生；叶片圆肾形，掌状 5~7 裂近基部。花序呈伞状；萼片具尖头，外被柔毛；花瓣淡紫红色，倒卵形，稍长于萼。蒴果被短糙毛，果瓣由喙上部先裂向下卷曲。花期 4~5 月，果期 5~6 月。生于平原和低山荒坡杂草丛中。

小花山桃草 *Gaura parviflora* xiǎo huā shān táo cǎo

柳叶菜科 山桃草属

一年生或两年生草本；高达 1 m；全株尤其茎上部、花序、叶、苞片、萼片密被伸展灰白色长毛与腺毛。基生叶莲座状，宽倒披针形；茎生叶长圆状卵形，互生。花序穗状；萼片 4，绿色；花瓣白色，以后变红色，倒卵形。蒴果坚果状，纺锤形，成熟后向下反折。花期 5~9 月，果期 6~10 月。原产于美洲，我国引种栽培，现逸为野生。生于田边、路旁、草丛。

柳叶菜 *Epilobium hirsutum* （鸡脚参、水朝阳花） liǔ yè cài

柳叶菜科 柳叶菜属

多年生粗壮草本；高达2.5 m；中上部多分枝，全株各处密被长柔毛、腺毛或白色绵毛。叶无柄，多少抱茎；叶近披针形，边缘具细锯齿。总状花序直立；苞片叶状；萼片长圆状线形；花瓣常紫红色，宽倒心形，先端凹缺。蒴果长条形，具明显的棱。花期6~8月，果期8~10月。生于河谷、溪流河床沙地或石砾地、沟边、湖边向阳湿处、灌丛、荒坡、路旁，常成片生长。

北方獐牙菜 *Swertia diluta* běi fāng zhāng yá cài

龙胆科 獐牙菜属

一年生草本；高20~40 cm；茎四棱形，棱上具窄翅，多分枝。叶无柄，线状披针形，下面中脉明显突起。圆锥状复聚伞花序具多数花；花5数；花萼绿色，裂片线形，先端锐尖，背面中脉明显；花冠浅蓝色，裂片椭圆状披针形，基部有2个腺窝，腺窝窄矩圆形，沟状，周缘具长柔毛状流苏。蒴果卵形。花果期8~10月。生于阴湿山坡、山坡林下、田边、谷地。

田紫草 *Lithospermum arvense*（麦家公）tián zǐ cǎo

紫草科 紫草属

一年生草本；高 15~35 cm；全株有短糙伏毛。叶无柄，倒披针形至线形。聚伞花序生枝上部，苞片与叶同形而较小；花序排列稀疏，有短花梗；花萼裂片线形；花冠高脚碟状，白色、蓝色或淡蓝色，直立或稍开展，喉部有 5 条延伸到筒部的毛带。花果期 3~6 月。生于丘陵、低山草坡或田边。

（张海森摄）

斑种草 *Bothriospermum chinense* bān zhǒng cǎo

紫草科 斑种草属

一年生或二年生草本；高 20~40 cm；全株密生开展或向上的硬毛；茎数条丛生，直立或斜升。基生叶及茎下部叶具长柄，匙形或倒披针形，边缘皱波状；茎中部及上部叶无柄，长圆形或狭长圆形。花萼裂片披针形，裂至近基部；花冠淡蓝色，裂片圆形，喉部有 5 个半月形附属物。小坚果肾形。花果期 3~5 月。生于荒野路边、山坡草丛及林下。

附地菜 *Trigonotis peduncularis* （地胡椒、黄瓜香）fù dì cài

紫草科 附地菜属

一年生或二年生草本；高 5~30 cm；茎通常多条丛生，稀单一，密集，铺散，基部多分枝，全株被短糙伏毛。基生叶呈莲座状，有叶柄，叶片匙形；茎上部叶长圆形或椭圆形。花序生茎顶，幼时卷曲，后渐次伸长；花萼裂片卵形；花冠淡蓝色，倒卵形，喉部黄色，有附属物 5 个。早春开花，花期甚长。生于平原、丘陵草地、林缘、田间及荒地。

多苞斑种草 *Bothriospermum secundum* duō bāo bān zhǒng cǎo

紫草科 斑种草属

一年生或二年生草本；高 25~40 cm；茎单一或数条丛生，全株被开展的硬毛及伏毛。基生叶具柄，倒卵状长圆形；茎生叶长圆形或卵状披针形，无柄。花较大；花冠蓝色至淡蓝色裂片圆形，喉部具半月形附属物。小坚果卵状椭圆形，密生疣状突起。花期 4~6 月。生于山坡、道旁、河床、农田路边及山坡林缘灌木林下、山谷溪边阴湿处等。

鹤虱 *Lappula myosotis* hè shī

紫草科 鹤虱属

一年生或二年生草本；高 30~60 cm；茎直立；中部以上多分枝，全株密被白色短糙毛。基生叶长圆状匙形，全缘，具叶柄；茎生叶较短而狭，披针形，扁平或沿中肋纵折，无叶柄。花冠淡蓝色，漏斗状至钟状，喉部具半月形附属物。小坚果卵状，具锚状刺。花果期 4~8 月。生于草地、路旁、山坡灌草丛中。

活血丹 *Glechoma longituba* huó xuè dān

唇形科 活血丹属

多年生草本，具匍匐茎，逐节生根。茎高 10~30 cm，四棱形，基部通常呈淡紫红色。叶片心形，边缘具圆齿，叶脉不明显，下面常带紫色，叶柄比叶片长，被长柔毛。轮伞花序通常 2 花，稀具 4~6 花；花冠淡蓝紫色，下唇具深色斑点，冠檐二唇形。上唇直立，2 裂，下唇伸长，斜展，3 裂，中裂片最大，较上唇片大 1~2 倍，先端凹入。成熟小坚果深褐色，长圆状卵形。花果期 5~8 月。生于林缘、疏林下、草地中、溪边等阴湿处。

（张海森摄）

（张海森摄）

（张海森摄）

水棘针 *Amethystea caerulea* （土荆芥）shuǐ jí zhēn

唇形科 水棘针属

一年生草本；高 0.3~1 m；全株被腺毛或缘毛；茎四棱形，常紫色。叶对生；叶片 3~5 深裂，裂片披针形，边缘具锯齿。圆锥花序；苞叶与茎叶同形，较小；小苞片线形，具缘毛；花梗短，花萼钟形，萼齿 5，三角形；花冠蓝色或蓝紫色，上唇 2 裂，长圆状卵形或卵形，下唇略大，3 裂，中裂片近圆形，侧裂片与上唇裂片近同形。花果期 8~10 月。生于田边旷野、河岸沙地、开阔路边及溪旁。

京黄芩 *Scutellaria pekinensis* （北京黄芩）jīng huáng qín

唇形科 黄芩属

一年生草本；茎高 24~40 cm；茎四棱形，疏被白色柔毛。叶卵圆形或三角状卵圆形，边缘具浅而钝的牙齿，两面疏被柔毛，背面叶脉突出。花对生，排列成顶生总状花序；花冠蓝紫色，外被具腺小柔毛；冠筒前方基部略膝曲状；冠檐 2 唇形，上唇盔状，内凹，顶端微缺，下唇中裂片宽卵圆形，两侧中部微内缢，顶端微缺，两侧裂片卵圆形。成熟小坚果栗色，卵形。花期 6~8 月，果期 7~10 月。生于石坡、潮湿谷地或林下。

黄芩 *Scutellaria baicalensis* huáng qín

唇形科 黄芩属

多年生草本；高达 1.2 m；茎基部伏地，上升，钝四棱形。叶披针形，全缘，密被下陷的腺点。花序在茎及枝上顶生，总状，常于茎顶聚成圆锥花序；花冠紫、紫红至蓝色，外面密被具腺短柔毛；冠筒近基部明显膝曲；冠檐 2 唇形，上唇盔状，先端微缺，下唇中裂片三角状卵圆形，两侧裂片向上唇靠合。小坚果卵球形，黑褐色，具瘤，腹面近基部具果脐。花期 7~8 月，果期 8~9 月。生于向阳草坡地、荒地上。

半枝莲 *Scutellaria barbata*（狭叶韩信草、水黄芩）bàn zhī lián

唇形科 黄芩属

多年生草本；高 12~55 cm；茎直立，四棱形。叶片三角状卵圆形，边缘具牙齿。花单生于叶腋内，花冠紫蓝色，外被短柔毛，内在喉部疏被疏柔毛；冠檐 2 唇形，上唇盔状，半圆形，先端圆，下唇中裂片梯形，全缘。小坚果褐色，扁球形，具小疣状突起。花果期 4~7 月。生于水田边、溪边或湿润草地上。

藿香 *Agastache rugosa* （野苏子） huò xiāng

唇形科 藿香属

多年生草本；高 0.5~1.5 m；枝叶揉搓后有香味；茎四棱形。叶心状卵形至长圆状披针形，边缘具粗齿，被微柔毛及点状腺体。轮伞花序多花，在主茎或侧枝上组成顶生密集的圆筒形假穗状花序；花萼管状倒圆锥形，被腺微柔毛及黄色小腺体；花冠淡紫蓝色，冠檐二唇形，雄蕊伸出花冠。花期 6~9 月，果期 9~11 月。生于林缘、林下或沟谷。

裂叶荆芥 *Schizonepeta tenuifolia* （荆芥） liè yè jīng jiè

唇形科 裂叶荆芥属

一年生草本；茎高 0.3~1 m；茎四棱形，多分枝，被灰白色疏短柔毛，茎下部的节及小枝基部通常微红色。叶通常为指状 3 裂，裂片披针形，全缘，两面被毛，有腺点。花序为多数轮伞花序组成的顶生间断的穗状花序；苞片叶状，小苞片线形，极小；花萼管状钟形，被灰色疏柔毛，花冠青紫色，二唇形。花果期 7~10 月。生于山地路边、灌草丛中。

糙苏 *Phlomoides umbrosa*（山芝麻）cāo sū

唇形科 糙苏属

多年生草本；高达 1.5 m；茎四棱形，具浅槽，多分枝，疏被向下的硬毛或星状短柔毛。叶圆卵形，边缘具牙齿。轮伞花序多数，生于主茎及分枝上；苞片线状钻形，被毛；花萼管状，萼齿先端具小刺尖，边缘被丛毛；花冠通常粉红色，下唇较深色，常具红色斑点，二唇形。花期 7~9 月，果期 9 月。生于疏林下或草坡上。

（张海森摄）

益母草 *Leonurus japonicus* yì mǔ cǎo

唇形科 益母草属

一年生或二年生草本；高 30~170 cm；茎直立，钝四棱形，微具槽，有倒向糙伏毛，多分枝。叶轮廓变化很大，下部叶掌状 3 裂，裂片上再分裂；上部叶通常分裂成 3 个或偶有多个长圆状线形的裂片。轮伞花序腋生，轮廓为圆球形，多数远离而组成长穗状花序；小苞片刺状，向上伸出，有贴生的微柔毛；花萼管状钟形；花冠粉红至淡紫红色，二唇形。花期通常在 6~9 月，果期 9~10 月。生于多种生境，阳处为多。

錾菜 *Leonurus pseudomacranthus* zàn cài

唇形科 益母草属

多年生草本；高 60~100 cm；茎上部分枝，茎及分枝钝四棱形，明显具槽，密被贴生倒向的微柔毛。叶片变异很大，近茎基部叶轮廓为卵圆形，3 裂，分裂达中部，边缘疏生粗锯齿状牙齿，近革质；茎中部的叶通常不裂，轮廓为长圆形。轮伞花序腋生，多花，远离而向顶密集组成长穗状；小苞片少数，刺状，直伸；花萼管状，齿 5，先端刺尖；花冠白色，常带紫纹，二唇形。花期 7~9 月，果期 9~10 月。生于山地或丘陵。

丹参 *Salvia miltiorrhiza* dān shēn

唇形科 鼠尾草属

多年生草本；高达 80 cm；根肥厚，肉质，外面朱红色，内面白色；全株密被柔毛；茎直立，四棱形，具槽，多分枝。奇数羽状复叶对生，小叶 3~7，卵圆形或宽披针形，边缘具圆齿。轮伞花序多数，密集组成总状圆锥花序；花萼钟形；花冠较大，紫蓝色，二唇形，冠筒常外伸及向上弯曲。花果期 4~8 月。生于田边、山坡、林下草丛或溪谷旁。

荔枝草 *Salvia plebeia* （蛤蟆皮）lì zhī cǎo

唇形科 鼠尾草属

一年生或二年生草本；高 15~90 cm；全株密被柔毛；茎多分枝，被向下的疏柔毛。基生叶莲座状；叶椭圆状卵圆形，边缘具锯齿，叶面褶皱。轮伞花序多数，组成总状圆锥花序；花萼钟形；花冠蓝紫至蓝色，二唇形。花期 4~5 月，果期 6~7 月。生于山坡、路旁、沟边、田野潮湿的土壤上。

麻叶风轮菜 *Clinopodium urticifolium* má yè fēng lún cài

唇形科 风轮菜属

多年生直立草本；高 25~80 cm；茎被向下的短硬毛。叶卵圆形至卵状披针形，边缘锯齿状。轮伞花序多花密集，半球形；苞叶叶状，由下往上逐渐变小；苞片线形，明显具肋，被白色缘毛；花萼狭管状，外面被毛；花冠紫红色，长约 1.2 cm。花期 7~8 月，果期 9~10 月。生于山坡、草地、路旁、林下、沟谷。

地椒 *Thymus quinquecostatus* dì jiāo

唇形科 百里香属

半灌木；植株矮小；植株有强烈气味；有不育枝，茎斜上升或近水平伸展。叶长圆状椭圆形或长圆状披针形，全缘，边外卷，近革质。花序头状或稍伸长成长圆状的头状花序；花梗密被向下弯曲的短柔毛；花萼管状钟形，上唇稍长或近相等于下唇；花冠紫红色，二唇形。小坚果卵圆形，光滑。花果期 7~9 月。生于山坡、灌丛、草地或石缝中。

紫苏 *Perilla frutescens* zǐ sū

唇形科 紫苏属

一年生草本；高达 2 m；全株被柔毛；茎绿色或紫色，钝四棱形，具四槽、叶阔卵形或圆形，边缘在基部以上有粗锯齿，两面绿色或紫色。轮伞花序 2 花，组成偏向一侧的总状花序；苞片宽卵圆形或近圆形，外被红褐色腺点；花萼钟形，二唇形；花冠白色至紫红色，近二唇形。小坚果近球形，灰褐色；具网纹。花期 8~11 月，果期 8~12 月。多为栽培植物，生于林缘、林下。

线叶筋骨草 *Ajuga linearifolia* xiàn yè jīn gǔ cǎo

唇形科 筋骨草属

多年生草本；高 25~40 cm；全株被长柔毛或绵毛；茎四棱形。叶片线状披针形，边缘多少有缺刻或具波状齿。轮伞花序在茎中部以上着生，向上渐密，排列成穗状花序；花萼漏斗状，萼齿 5；花冠淡紫色，二唇形。花果期 4~6 月。生于山地干草坡、路旁及沟边。

黑龙江香科科 *Teucrium ussuriense* hēi lóng jiāng xiāng kē kē

唇形科 香科科属

多年生草本；高达 45 cm。叶卵状长圆形，具不规则细锯齿，上面被平伏短柔毛，下面密被白色绵毛。轮伞花序组成穗状花序。花萼钟形，被柔毛；花冠紫色，长 1.2 cm，上唇较短，稍伸出花萼，下唇较长。小坚果淡褐色，近球形。花果期 8~9 月。生于多石阳坡及水边。

香薷 *Elsholtzia ciliata* xiāng rú

唇形科 香薷属

一年生草本；高 0.3~0.5 m；植株有强烈香气；茎通常自中部以上分枝，钝四棱形，具槽。叶卵形或椭圆状披针形，边缘具锯齿。轮伞花序多花，组成偏向一侧的假穗状花序；花萼钟形，外面被疏柔毛，疏生腺点；花冠淡紫色，二唇形。小坚果长圆形，棕黄色，光滑。花期 9~11 月。生于路旁、山坡、荒地、林内、沟谷、河岸。

海州香薷 *Elsholtzia splendens* hǎi zhōu xiāng rú

唇形科 香薷属

直立草本；高 30~50 cm；茎褐黄紫色，基部以上多分枝。叶卵状三角形或卵状披针形，边缘疏生锯齿。轮伞花序多花，组成偏向一侧的假穗状花序；花萼钟形，外面被白色短硬毛，具腺点；花冠玫瑰红紫色，二唇形。花果期 9~11 月。生于山坡路旁、沟谷或草丛中。

内折香茶菜 *Isodon inflexus* （山薄荷香茶菜、山薄荷）nèi zhé xiāng chá cài　唇形科　香茶菜属

多年生草本；高 0.4~1.5 m；茎密被向下的白色疏柔毛。叶三角状阔卵形，边缘在基部以上具粗大圆齿状锯齿，两面疏被柔毛；叶柄上部具翅，密被具节白色疏柔毛。聚伞花序具 3~5 花，组成狭圆锥花序；花萼钟形，绿色，脉纹显著；花冠淡紫色，二唇形，下唇比花冠筒长，雄蕊包藏于下唇内。小坚果椭圆形。花期 8~10 月。生于山谷溪旁疏林中或阳处。

蓝萼香茶菜 *Isodon japonicus* var. *glaucocalyx* lán è xiāng chá cài　唇形科　香茶菜属

本种为内折香茶菜的变种，与内折香茶菜不同在于：叶疏被短柔毛及腺点，顶齿卵形或披针形而渐尖，锯齿较钝；花萼常带蓝色，外面密被贴生微柔毛，花冠淡粉色，近白色，雄蕊伸出花冠外。花期 7~10 月。生于山谷溪旁疏林中或阳处。

假酸浆 *Nicandra physalodes* jiǎ suān jiāng

茄科 假酸浆属

一年生草本；高 0.4~1.5 m；茎具棱，无毛。叶卵形或椭圆形，边缘有具圆缺的粗齿或浅裂，两面有稀疏毛。花单生于枝腋而与叶对生，花梗俯垂；花萼 5 深裂，裂片顶端尖锐，基部心脏状箭形，有 2 尖锐的耳片，果时包围果实；花冠钟状，浅蓝色，5 浅裂。浆果球状，黄色。花果期 6~10 月。原产于南美洲，后逸为野生，生于田边、荒地或住宅区。

枸杞 *Lycium chinense*（狗奶子、狗牙子）gǒu qǐ

茄科 枸杞属

落叶灌木；高 0.5~1 m；多分枝，枝条细弱，弓状弯曲或俯垂，淡灰色，有纵条纹，具棘刺。单叶互生或 2~4 枚簇生，卵形至卵状披针形。花在长枝上腋生，在短枝上则同叶簇生；花萼通常 3 中裂或 4~5 齿裂；花冠漏斗状，淡紫色，5 深裂；浆果卵状，成熟时红色。花果期 6~11 月。常生于山坡、荒地、丘陵地、盐碱地、路旁及村边宅旁。

青杞 *Solanum septemlobum* qīng qǐ

茄科 茄属

一年生直立草本或灌木状；全株被疏柔毛；茎具棱角。叶互生，卵形，通常 7 裂，裂片卵状长圆形至披针形。二歧聚伞花序，顶生或腋外生，花梗纤细，基部具关节；花萼杯状，5 裂，萼齿三角形；花冠青紫色，先端深 5 裂，裂片长圆形。浆果近球状，熟时红色。种子扁圆形。花果期 7~10 月。生于山坡、路旁。

通泉草 *Mazus pumilus* tōng quán cǎo

玄参科 通泉草属

一年生草本；高 3~30 cm；茎多分枝，上升或倾卧状上升。基生叶有时成莲座状，倒卵状匙形至卵状倒披针形，边缘具不规则的粗齿或基部浅羽裂。总状花序生于枝顶，花较小；花萼钟状，萼片卵形；花冠白色、紫色或蓝色，上唇裂片卵状三角形，下唇中裂片较小，稍突出，倒卵圆形。蒴果球形。花果期 4~10 月。生于湿润的草坡、沟边、路旁及林缘。

弹刀子菜 *Mazus stachydifolius* dàn dāo zǐ cài

玄参科 通泉草属

多年生草本；高 10~50 cm；全体被白色长柔毛。基生叶匙形，有短柄；茎生叶无柄，长椭圆形至倒卵状披针形，边缘具锯齿。总状花序顶生，花较大，稀疏；苞片三角状卵形；花萼漏斗状，披针状三角形；花冠蓝紫色，上唇短，顶端 2 裂，下唇宽大，开展，3 裂，中裂约为侧裂的 1/2，近圆形。花期 4~6 月，果期 7~9 月。生于湿润的路旁、草坡及林缘。

泰山母草 *Torenia taishanensis* tài shān mǔ cǎo

母草科 蝴蝶草属

一年生低矮草本；高 3~10 cm；茎直立，四棱形。叶柄短，叶片卵形到狭卵形，无毛，基部圆形至宽楔形，边缘全缘，先端钝。花单生或呈短的总状花序；花梗纤细；花萼管状，浅裂，裂片三角形；花冠紫色，下唇 3 裂，上唇微缺。蒴果椭圆形，近等长宿萼。花果期 8~10 月。生于山地路旁水湿处。

陌上菜 *Lindernia procumbens* mò shàng cài

母草科 陌上菜属

一年生低矮草本；高 5~20 cm；基部多分枝。叶无柄；叶片椭圆形至矩圆形，全缘或有不明显的钝齿，基出脉 3~5 条，并行。花单生于叶腋，花梗纤细；萼 5 全裂，仅基部联合，条状披针形；花冠粉红色或紫色，向上渐扩大，上唇短，2 浅裂，下唇甚大于上唇，3 裂，侧裂椭圆形较小，中裂圆形，向前突出。花果期 6~11 月。生于路旁、农田、水边及潮湿处。

角蒿 *Incarvillea sinensis* jiǎo hāo

紫葳科 角蒿属

一年生草本；高达 80 cm；具分枝的茎。叶 2~3 回羽状细裂，小叶不规则细裂，末回裂片线状披针形，具细齿或全缘。顶生总状花序；花萼钟状，绿色带紫红色，萼齿钻状，萼齿间皱褶 2 浅裂；花冠淡玫瑰色或粉红色，有时带紫色，钟状漏斗形，基部收缩成细筒，花冠裂片圆形。蒴果细圆柱形，顶端尾状渐尖。花果期 6~9 月。生于山坡灌丛、田野。

地黄 *Rehmannia glutinosa*（老公花、妈妈嘴子）dì huáng

列当科 地黄属

多年生草本；高 10~40 cm；全株密被灰白色长柔毛和腺毛。叶在茎基部成莲座状，向上则强烈缩小；叶片卵形至长椭圆形，上面绿色，下面略带紫色或呈紫红色，边缘具不规则的齿。花在茎顶部略排列成总状花序；花萼具 10 条隆起的脉；萼齿 5 枚；花冠筒多少弓曲，外面紫红色；花冠内面黄紫色，外面紫红色。蒴果卵形至长卵形，熟时开裂。花果期 4~7 月。生于砂质壤土、荒山坡、山脚、墙边、路旁等处。

松蒿 *Phtheirospermum japonicum* sōng hāo

列当科 松蒿属

一年生草本；高可达 100 cm；植体被多细胞腺毛。叶片长三角状卵形，近基部的羽状全裂，向上则为羽状深裂；小裂片长卵形或卵圆形，边缘具重锯齿或深裂。花冠紫红色至淡紫红色，极少会出现白色，外面被柔毛；上唇直，稍呈盔状，下唇有两条横的大皱褶，上面有白柔毛。蒴果卵珠形。花果期 9~10 月。生于山坡、灌丛阴处。

（张海森摄）

山罗花 *Melampyrum roseum* shān luó huā

列当科 山罗花属

一年生直立草本；高 15~80 cm；茎多分枝，近于四棱形。叶片三角状卵形，基部常具裂齿。总状花序顶生，偏向一侧，花成对着生；花萼常被糙毛，萼齿长三角形至钻状三角形，生有短睫毛；花冠紫色、紫红色或红色，筒部长为檐部长的 2 倍左右，上唇内面密被须毛。蒴果卵状渐尖。花期 8~9 月，果期 9~10 月。生于山坡灌丛及高草丛中。

返顾马先蒿 *Pedicularis resupinata* fǎn gù mǎ xiān hāo

列当科 马先蒿属

多年生草本；高 30~70 cm；茎常单出，上部多分枝，多方形有棱。叶密生，均茎出，叶卵形至长圆状披针形，边缘有钝圆的重齿，齿上有浅色的胼胝或刺状尖头，且常反卷，渐上渐小而变为苞片。花单生于茎枝顶端的叶腋中；花冠淡紫红色，自基部起即向右扭旋，此种扭旋使下唇及盔部成为回顾之状。花期 6~8 月，果期 7~9 月。生于湿润草地及林缘。

（张海森摄）

透骨草 *Phryma leptostachya* subsp. *asiatica* tòu gǔ cǎo

透骨草科 透骨草属

多年生草本；高达 80~100 cm；茎 4 棱形，倒生短柔毛。叶对生，卵形至卵状披针形，边缘有钝锯齿。穗状花序生于枝顶端；花小，通常多数，蕾期直立，开放时斜展至平展，花后反折；花梗极短；花冠蓝紫色，上唇 2 裂，下唇 3 浅裂，中央裂片较大。瘦果狭椭圆形，反折并贴近花序轴。花期 6~8 月，果期 7~9 月。生于阴湿的山谷或林下。

北水苦荬 *Veronica anagallis~aquatica*（仙桃草）běi shuǐ kǔ mǎi

车前科 婆婆纳属

多年生草本；高 10~100 cm；根茎斜走。叶无柄，上部的半抱茎，椭圆形至披针形，全缘或有疏而小的锯齿。花序比叶长，多花；花梗与花序轴成锐角；花萼裂片卵状披针形，急尖，果期直立或叉开，不紧贴蒴果；花冠浅蓝色，浅紫色或白色。蒴果近圆形，长宽近相等，顶端圆钝而微凹。花果期 4~9 月。常见于水边及沼地。

阿拉伯婆婆纳 *Veronica persica*（波斯婆婆纳）ā lā bó pó pó nà

车前科　婆婆纳属

一年生铺散草本；高 10~50 cm；茎密生两列柔毛。叶对生，具短柄，卵形或圆形，边缘具钝齿，两面疏生柔毛。总状花序很长；花梗长为苞片的 2 倍；花萼裂片卵状披针形，有睫毛，三出脉；花冠蓝色。蒴果肾形，表面具网纹，中间有凹口，角度超过 90 度。花果期 3~5 月。原产于亚洲西部和欧洲，在我国已广泛分布，生于田边、路边、草丛、花坛等处。

婆婆纳 *Veronica didyma* pó pó nà

车前科　婆婆纳属

一年生草本；高 10~25 cm；铺散多分枝草本。叶对生，具短柄，叶片心形至卵形，具深刻的钝齿，两面被白色长柔毛。苞片叶状，花梗比苞片略短；花萼裂片卵形，顶端急尖，三出脉；花冠淡紫色，裂片圆形至卵形。蒴果近于肾形，密被腺毛，凹口约为直角。花果期 3~5 月。生于路边、草丛、花坛等。

草本威灵仙 *Veronicastrum sibiricum*（轮叶婆婆纳）cǎo běn wēi líng xiān 车前科 腹水草属

多年生直立大草本，全体光滑无毛。根状茎横走，长达13 cm，节间短，根多而须状。茎圆柱形，不分枝。叶4~6枚轮生，矩圆形至宽条形，无毛或两面疏被硬毛。花序顶生，长尾状，各部分无毛；花萼裂片不超过花冠半长，钻形；花冠红紫色。蒴果卵状。种子椭圆形。花果期6~9月。生路边、山坡草地及山坡灌丛内。

（张海森摄）

（丁乾坤摄）

桔梗 *Platycodon grandiflorus*（铃铛花、包袱花、道拉基）jié gěng 桔梗科 桔梗属

多年生草本；高20~120 cm；全株具白色乳汁，常不分枝。下部叶轮生，上部叶互生；叶片卵状椭圆形至披针形，下面常有白粉，边缘具细锯齿。花单朵或数朵集成假总状花序生于枝顶；花萼筒部倒锥形，被白粉，裂片三角形；花冠大，蓝色或紫色，阔钟状。蒴果倒圆锥形，熟时顶部5裂。花果期7~10月。生于山坡阳处草丛、灌丛中，少生于林下。

石沙参 *Adenophora polyantha* shí shā shēn

桔梗科 沙参属

多年生草本；高 20~100 cm；具白色乳汁。叶片形状差异较大，基生叶心状肾形，边缘具粗锯齿；茎生叶无柄，卵形至披针形，极少为披针状条形，边缘具尖锯齿或刺状齿。花序常不分枝而成假总状花序，或有短的分枝而组成狭圆锥花序，花常偏于一侧；花萼裂片 5，狭三角状披针形，常被毛；花冠紫色或深蓝色，钟状；花柱常稍稍伸出花冠，有时近等长。蒴果卵状椭圆形。花期 7~10 月。生于山地、林下、灌草丛中。

钻叶紫菀 *Symphyotrichum subulatum* zuàn yè zǐ wǎn

菊科 联毛紫菀属

一年生草本；高 16~150 cm；茎杆无毛。叶互生，全缘；基生叶倒披针形，花后凋落；茎生叶线状披针形，主脉明显，无柄。头状花序多数，在茎顶端排成大型圆锥状花序；总苞钟状；舌状花细狭，淡红色或淡紫色；管状花多数，黄色。瘦果长圆形或椭圆形，冠毛淡褐色。花果期 7~10 月。原产于北美洲，后在我国逸生；常生于潮湿的路旁、河边、湖边。

华东蓝刺头 *Echinops grijsii* huá dōng lán cì tóu

菊科 蓝刺头属

多年生草本；高 30~80 cm；茎直立，单生，上部有花序分枝，全部茎枝被密厚的蛛丝状绵毛。叶片羽状深裂，裂片 4~5 对，卵状三角形，边缘有刺状缘毛，上面绿色，下面白色或灰白色，密被白色绵毛。复头状花序球形；小花蓝色或淡蓝色，花冠桶状，5 深裂。瘦果倒圆锥状，冠毛短冠状。花果期 7~10 月。生于山地林缘、山坡灌丛。

丝毛飞廉 *Carduus crispus* sī máo fēi lián

菊科 飞廉属

二年生草本；高 40~150 cm；茎具翼，翼上具齿，先端有针刺。叶长椭圆形，羽状深裂，裂片三角形，边缘有刺，上面绿色，有稀疏的长毛，下面灰绿色，被蛛丝状绵毛。头状花序通常 3~5 个集生于分枝顶端或茎端，稍弯垂；总苞卵圆形，总苞片多层，条状披针形；小花红色或紫色，管状。花果期 4~8 月。生于林下、山坡草地、田间和路旁。

刺疙瘩 *Carduus crispus* cì gē da

菊科 飞廉属

多年生草本；高 20~100 cm；茎单生或 2~3 条茎簇生，被稀疏蛛丝毛。叶椭圆状披针形，羽状开裂，裂片具刺齿，上面绿色有光泽，下面灰白色，密被茸毛，基部下延成翼状。头状花序单生枝端，直立；总苞钟状，直径 3~4 cm；小花紫色或蓝紫色。花果期 7~9 月。生于山坡、山谷灌丛或草坡。

蓟 *Cirsium japonicum* （大蓟） jì

菊科 蓟属

多年生草本；高 30~150 cm；茎枝有条棱，被长毛。头状花序下部灰白色，密被茸毛及长节毛；叶长倒卵形至长椭圆形，羽状深裂或几全裂，基部渐狭成翼柄，柄翼边缘有针刺及刺齿，上下两面绿色；头状花序直立，生于枝顶，总苞钟状，全部苞片外面有微糙毛并沿中肋有黏腺，条状披针形，先端有短刺；花红色或紫色，管状。花果期 5~8 月。生于山坡林中、林缘、灌丛和溪谷旁。

绿蓟 *Cirsium chinense* lǜ jì

菊科 蓟属

多年生草本；高 40~100 cm；茎中部以上分枝，疏被毛。叶长椭圆形或长披针形，中下部叶常羽状开裂；裂片边缘有刺齿，齿顶及齿缘有针刺，具叶柄，中部向上的叶常不裂，边缘针刺或有具针刺的齿痕，无叶柄；全部叶两面同色，绿色。头状花序单生或在茎枝顶端排成不规则的伞房花序；总苞卵球形；总苞片外面沿中脉有黑色黏腺；小花紫红色，管状。花果期 7~10 月。生于林缘或山坡草丛。

刺儿菜 *Cirsium arvense* var. *integrifolium*（曲曲菜）cì ér cài

菊科 蓟属

多年生草本；高 30~120 cm；茎上部分枝。叶椭圆形至椭圆状倒披针形，有时浅裂，近无柄，上面绿色，下面淡绿色；叶缘有刺齿或锯齿，齿顶具针刺。头状花序单生或在茎枝顶端排成伞房花序；总苞近卵形；花杂性异株，小花紫红色；瘦果淡黄色，椭圆形或偏斜椭圆形，冠毛污白色。花果期 4~7 月。生于山坡、河旁或荒地、田间。

大刺儿菜 *Cirsium arvense* var. *setosum*（大蓟、刻叶刺儿菜、刺蓟）

dà cì ér cài

菊科 蓟属

多年生草本；高达 1.5 m；茎粗壮，上部分枝，被疏毛或绵毛。叶披针形，羽状分裂，边缘具细刺；下面被白色柔毛，后脱落；基部叶具柄，上部叶基部抱茎。头状花序卵形，集生于枝顶，密被绵毛，基部具苞片状小叶；总苞长卵形；花紫色或淡紫色，管状花。花果期 7~10 月。生于农田、河边、路旁和荒地。

泥胡菜 *Hemisteptia lyrata*（秃疮头）

ní hú cài

菊科 泥胡菜属

二年生草本；高 30~100 cm；茎常单生，有棱，上部多分枝。叶长椭圆形，羽状深裂或几全裂，顶端裂片最大，向基部的裂片渐小，裂片边缘有锯齿，上面绿色，下面灰白色；基生叶有长叶柄，向上叶柄渐短至无柄。头状花序在茎枝顶端排成疏松的伞房花序；总苞宽钟状；总苞片卵形，外面上方近顶端有紫红色鸡冠状附片；花紫色，管状。花果期 3~6 月。生于村边、路旁、田边、山坡和草地。

蒙古风毛菊 *Saussurea mongolica* （华北风毛菊）méng gǔ fēng máo jú

菊科 风毛菊属

多年生草本；高 30~90 cm；茎直立，有棱。叶片卵状三角形，不开裂或下半部羽状深裂，边缘有粗齿。头状花序多数，在茎枝顶端伞房花序或伞房圆锥花序；总苞长圆状；总苞片近卵形，顶端有马刀形的附属物；小花紫红色，管状。花果期 8~10 月。生于山坡、林下、灌丛、路旁及草坡。

风毛菊 *Saussurea japonica* fēng máo jú

菊科 风毛菊属

二年生草本；高 50~150 cm；茎有翼。叶片长椭圆形，羽状深裂，侧裂片 7~8 对，中部的侧裂片较大，向两端渐小；基生叶与下部茎叶有叶柄，有狭翼；中部茎叶渐小，有短柄；上部茎叶无柄。头状花序在茎枝顶端排成伞房状；总苞圆柱状，被蛛丝状毛；总苞片顶端有扁圆形的紫红色膜质附片；小花紫色，管状。花果期 8~11 月。生于山坡灌草丛中。

麻花头 *Klasea centauroides* má huā tóu

菊科 麻花头属

多年生草本；高 40~100 cm。叶长椭圆形，羽状深裂，侧裂片 5~8 对，裂片长椭圆形至宽线形，两面粗糙，两面被毛；基生叶及下部茎叶有长柄；中部茎叶无柄或有极短柄。头状花序少数，单生茎枝顶端；总苞卵形或长卵形，上部有收缢；全部小花红色，红紫色或白色。花果期 5~8 月。生于山坡、林缘和路旁。

漏芦 *Rhaponticum uniflorum* （和尚头、祁州漏芦） lòu lú

菊科 漏芦属

多年生草本；高 30~100 cm；茎不分枝，灰白色，被棉毛。叶长椭圆形，羽状深裂或几全裂，侧裂片 5~12 对，倒披针形，两面灰白色，密被茸毛和黄色小腺点；基生叶及下部茎叶有长叶柄，中上部茎叶渐小无柄或有短柄。头状花序单生茎顶，花序梗粗壮；总苞半球形，顶端有浅褐色膜质附属物；花冠紫红色，管状。花果期 4~7 月。生于山地、灌丛。

牛蒡 *Arctium lappa* （大力子、恶实）niú bàng

菊科 牛蒡属

二年生草本；高达 2 m；茎粗壮，带紫红或淡紫红色，被疏毛及腺点。叶具长柄，宽卵形，边缘具疏齿，上面绿色，无毛，下面密被茸毛，有黄色小腺点。头状花序在茎枝顶端排成疏松的伞房花序或圆锥状伞房花序，花序梗粗壮；总苞卵形或卵球形，苞片多层，披针形，顶端成钩刺；小花紫红色。花果期 6~8 月。生于山坡、林缘、沟谷旁。

乳苣 *Lactuca tatarica* （紫花山莴苣）rǔ jù

菊科 莴苣属

多年生草本；高 15~60 cm；茎直立，光滑无毛。叶质地稍厚，两面光滑无毛；中下部茎叶羽状浅裂，边缘全缘或有稀疏的小尖头或边缘多锯齿；向上的叶与中部茎叶同形或宽线形。花紫色或紫蓝色，管部有白色短柔毛。花果期 5~9 月。生于河滩、湖边、草甸和田边。

鸭跖草 *Commelina communis* （鸭趾草）yā zhí cǎo　鸭跖草科 鸭跖草属

一年生披散草本；茎匍匐生根，多分枝，长达 1 m。叶卵状披针形；总苞片佛焰苞状，有长柄，折叠状，展开后为心形，边缘常有硬毛。聚伞花序，下面一枝仅有花 1 朵，不孕；上面一枝具花 3~4 朵，几乎不伸出佛焰苞；花梗果期弯曲；花瓣深蓝色。蒴果椭圆形。花果期 7~10 月。多生于林缘、路旁、农田和河边等潮湿处。

饭包草 *Commelina benghalensis* fàn bāo cǎo　鸭跖草科 鸭跖草属

多年生匍匐草本；茎披散，多分枝，达 70 cm；被疏柔毛。叶鞘有疏而长的睫毛，叶有明显的叶柄，叶片卵形，边缘常波状褶皱；总苞片佛焰苞状，柄极短，常数个集于枝顶，下部边缘合生而成扁的漏斗状，被疏柔毛。聚伞花序有花数朵，几不伸出；花瓣蓝色，具长爪。花果期 6~9 月。多生于林缘、路旁、农田和河边等潮湿处。

裸花水竹叶 *Murdannia nudiflora* luǒ huā shuǐ zhú yè

鸭跖草科 水竹叶属

多年生草本；茎多条自基部发出，披散，下部节上生根，长 10~30 cm。叶片禾叶状或披针形。蝎尾状聚伞花序数个，排成顶生圆锥花序，或仅单个；下部总苞片叶状，较小，苞片早落；花梗细而挺直；萼片草质，卵状椭圆形；花瓣紫色。蒴果卵圆状三棱形。花果期 7~10 月。生于林下和水边潮湿处，少见于草丛中。

水竹叶 *Murdannia triquetra* shuǐ zhú yè

鸭跖草科 水竹叶属

多年生草本；茎下部匍匐，节上生根，上部上升，通常多分枝，长达 40 cm，节间长 8 cm，密生一列白色硬毛。叶无柄，下部有睫毛和叶鞘合缝处有一列毛；叶片竹叶形，平展或稍折叠。花序常单生；萼片绿色，狭长圆形，浅舟状；花瓣紫红色或蓝紫色，倒卵圆形，稍长于萼片。蒴果卵圆状三棱形。花果期 8~10 月。生于河边或湿地上。

花红色

丝叶唐松草 *Thalictrum foeniculaceum* sī yè táng sōng cǎo

毛茛科 唐松草属

多年生草本；高 11~78 cm。叶钻状狭线形或狭线形；叶柄基部有短鞘。聚伞花序伞房状；花梗细；萼片 4，粉红色或白色，椭圆形或狭倒卵形。瘦果纺锤形，有 8~10 条纵肋。花果期 5~9 月。生于干燥草坡、山脚沙地或多石砾处或平原草丛中。

小赤麻 *Boehmeria spicata*（细野麻）xiǎo chì má

荨麻科 苎麻属

多年生草本或亚灌木；高 40~100 cm；多分枝。叶对生；叶片薄草质，卵状菱形或卵状宽菱形，顶端长骤尖，基部宽楔形，边缘有大牙齿；叶柄长 1~6.5 cm。穗状花序单生叶腋，红色。瘦果卵球形。花期果 6~9 月。雌雄异株或雌雄同株。生于山坡沟谷。

红蓼 *Persicaria orientalis*（荭蓼）hóng liǎo

蓼科 蓼属

一年生草本；茎直立，粗壮，高 1~2 m，上部多分枝，密被长柔毛。叶宽卵形、宽椭圆形或卵状披针形，叶柄及叶片正反两面均被毛；膜质托叶鞘筒状，被长毛，沿顶端具翅。总状花序呈穗状，顶生或腋生，花紧密，微下垂；花被 5 深裂，淡红色或白色。瘦果近圆形，两面凹，黑褐色。花期 7~9 月，果期 8~10 月。生于路旁、水边。

罗布麻 *Apocynum venetum*（红麻）luó bù má

夹竹桃科 罗布麻属

多年生草本或亚灌木；高 1.5~4 m；具乳汁；枝条光滑无毛，紫红色或淡红色。叶对生，椭圆状披针形，具短尖头，叶缘具细牙齿。圆锥状聚伞花序顶生或腋生；花冠圆筒状钟形，紫红色或粉红色，具明显紫红色的脉纹。蓇葖 2，平行或叉生，下垂。种子多数，顶端有一簇白色绢质的种毛。花果期 6~9 月。生于路旁、盐碱荒地及河流两岸。

瓦松 *Orostachys fimbriata* wǎ sōng

景天科 瓦松属

二年生草本；高 10~20 cm；一年生莲座丛状；莲座叶线形，先端增大，为白色软骨质，半圆形，有齿。二年生叶互生，有刺，线形至披针形。花序总状，紧密，呈金字塔形；花瓣 5，红色，披针状椭圆形；蓇葖 5，长圆形，喙细。花果期 8~10 月。生于山坡石上或屋瓦上。

长药八宝 *Hylotelephium spectabile*（八宝景天）cháng yào bā bǎo

景天科 八宝属

多年生草本；高 30~70 cm。叶交互对生，或 3 叶轮生，卵形至宽卵形，或长圆状卵形，全缘或有波状牙齿。花序大形，伞房状，顶生；花密生，萼片 5，线状披针形至宽披针形；花瓣 5，淡紫红色至紫红色，披针形至宽披针形；雄蕊 10，长于花瓣；蓇葖直立。花果期 8~10 月。生于低山多石山坡上。

中华秋海棠 *Begonia grandis* subsp.（珠芽秋海棠）zhōng huá qiū hǎi táng 秋海棠科 秋海棠属

多年生草本；高 20~70 cm。叶互生，椭圆状卵形至三角状卵形，叶柄基部带红色，基部心形，不对称，边缘具牙齿。花序呈伞房状至圆锥状二歧聚伞花序；花序轴及花淡红色；花蕾心形。蒴果具 3 不等大的翅。生于潮湿的山沟石头上。

小红菊 *Chrysanthemum chanetii* xiǎo hóng jú 菊科 菊属

多年生草本；高 15~60 cm。基生叶及中下部茎叶肾形，宽略等于长，通常 3~5 掌状浅裂，叶柄具翅；中上部茎叶渐小。头状花序在茎枝顶端排成伞房花序；总苞碟形，总苞片 4~5 层，边缘白色或褐色膜质；舌状花白色、粉红色或紫色，顶端 2~3 齿裂；管状花黄色。花果期 7~10 月。生于草原、山坡林缘、灌丛、河滩与沟边。

渥丹 *Lilium concolor* wò dān

百合科 百合属

多年生草本；鳞茎卵球形；鳞片卵形，白色，鳞茎上方茎上有根；茎高 30~50 cm。叶散生，条形，边缘有小乳头状突起。花 1~5 朵排成近伞形或总状花序；花直立，星状开展，深红色，无斑点，有光泽；花被片矩圆状披针形。蒴果矩圆形，淡黄色。花果期 5~9 月。生于山坡草丛、路旁和灌木林下。

（张海森摄）

（张海森摄）

（张海森摄）

有斑百合 *Lilium concolor* var. *pulchellum* yǒu bān bǎi hé

百合科 百合属

渥丹的变种，本种花被具斑点。花果期 5~9 月。生于阳坡草地和林下湿地。

卷丹 *Lilium lancifolium*（卷丹百合）juǎn dān

百合科 百合属

多年生草本，鳞茎近宽球形；鳞片宽卵形，白色。茎高 0.8~1.5 m，带紫色条纹，具白色绵毛。叶散生，披针形，先端有白毛，边缘有乳头状突起，上部叶腋有珠芽。花 3~6 朵或更多；花下垂，花被片披针形，反卷，橙红色，有紫黑色斑点；雄蕊四面张开。蒴果狭长卵形。花果期 7~10 月。生于山坡灌木林下、草地，路边或水旁。

青岛百合 *Lilium tsingtauense* qīng dǎo bǎi hé

百合科 百合属

多年生草本，鳞茎近球形；鳞片披针形，白色，无节。茎高 40~85 cm。叶轮生，1~2 轮，每轮具叶 5~14 枚，倒披针形，具短柄，两面无毛，除轮生叶外还有少数披针形散生叶。花单生或 2~7 朵排列成总状花序；苞片叶状，披针形；花橙黄色或橙红色，有紫红色斑点。花果期 6~10 月。生于山坡阳处、杂木林中或高大草丛中。

（刘冰摄）

山丹 *Lilium pumilum* （山丹花、细叶百合）shān dān

百合科 百合属

多年生草本；鳞茎卵形；鳞片矩圆形，白色；茎具小乳头状突起，有的带紫色条纹。叶散生，条形，边缘有乳头状突起。花单生或数朵排成总状花序，鲜红色，通常无斑点，有时有少数斑点，下垂；花被片反卷。蒴果矩圆形。花果期 7~10 月。生于山坡草地或林缘。

（张海森摄）

（张海森摄）

花绿色或花被不明显

大麻 *Cannabis sativa* （火麻）dà má

大麻科 大麻属

一年生直立草本；高 1~3 m。叶掌状全裂，裂片披针形，中裂片最长，先端渐尖，基部狭楔形，微被糙毛，边缘具向内弯的粗锯齿；叶柄长 3~15 cm，密被灰白色贴伏毛；雌雄异株。花黄绿色。瘦果为宿存黄褐色苞片所包，果皮坚脆，表面具细网纹。花期 7~9 月，果期 10 月。生于路旁、沟谷、草丛中。

野线麻 *Boehmeria japonica*（大叶苎麻、野苎麻）yě xiàn má

荨麻科 苎麻属

多年生草本或亚灌木；高 60~150 cm；茎不分枝，上部有糙毛。叶对生，纸质，近圆形，边缘在基部之上有牙齿，两面被毛；叶柄长达 8 cm；雌雄异株。穗状花序单生叶腋，雄花序长约 3 cm，雌花序长 7~20 cm。花果期 6~9 月。生于灌丛、疏林、田边或溪边。

蝎子草 *Girardinia diversifolia* subsp. *Suborbiculata*（蜇人草）xiē zǐ cǎo

大麻科 蝎子草属

一年生草本；高 30~100 cm；茎疏生刺毛和细糙伏毛。叶膜质，宽卵形，边缘具牙齿；叶柄疏生刺毛和细糙伏毛。雄花序穗状，长 1~2 cm；雌花序短穗状；团伞花序枝密生刺毛，连同主轴生近贴生的短硬毛。花期 7~9 月，果期 9~11 月。生于林下、沟边阴湿处。

透茎冷水花 *Pilea pumila* tòu jīng lěng shuǐ huā

大麻科 冷水花属

一年生草本；高5~50 cm；茎肉质，半透明。叶菱状卵形或宽卵形，叶基部全缘，上部有锯齿，基出脉3条。花雌雄同株，常同序，雄花常生于花序的下部，花序蝎尾状，密集，生于每个叶腋，雌花枝在果时增长。花果期6~10月。生于山坡林下或石缝的阴湿处。

藜 *Chenopodium album*（灰菜）lí

苋科 藜属

一年生草本；高30~150 cm；茎直立，具条棱及绿色或紫红色色条，多分枝。叶片菱状卵形至宽披针形，下面具粉，边缘具不整齐锯齿。花两性，簇于枝上部排列成或大或小的穗状圆锥状或圆锥状花序。果皮与种子贴生。花果期5~11月。生于路旁、荒地。

小藜 *Oxybasis ficifolium* xiǎo lí

苋科 藜属

一年生草本；高 20~50 cm；茎具条棱及绿色色条。叶片卵状矩圆形，通常三浅裂；中裂片两边近平行，先端具短尖头，边缘具深波状锯齿；侧裂片位于中部以下，通常各具 2 浅裂齿。花两性，数个团集，排列于上部的枝上形成较开展的顶生圆锥状花序；花被近球形。胞果包在花被内，果皮与种子贴生。花果期 5~9 月。生于荒地、道旁、水边等处。

尖头叶藜 *Oxybasis acuminatum*（绿珠藜）jiān tóu yè lí

苋科 藜属

一年生草本；高 20~80 cm；茎直立，具条棱及绿色色条，多分枝。叶片宽卵形至卵形，茎上部的叶片有时呈卵状披针形，全缘并具半透明或金色的环边，先端有一尖头。花两性，团伞花序于枝上部排列成紧密的或有间断的穗状或穗状圆锥状花序。花果期 5~9 月。生于荒地、河岸、田边等处。

灰绿藜 *Oxybasis glauca* huī lǜ lí

苋科 红叶藜属

一年生草本；高 20~40 cm。叶互生，矩圆状卵形至披针形，边缘具缺刻状牙齿，下面有粉而呈灰白色，有时稍带紫红色。花两性兼有雌性，通常数花聚成团伞花序，再于分枝上排列成有间断而通常短于叶的穗状或圆锥状花序。胞果顶端露出于花被外。花果期5~10月。生于农田、菜园、村房、水边等有轻度盐碱的土壤上。

土荆芥 *Dysphania ambrosioides*（杀虫芥、臭草、鹅脚草）tǔ jīng jiè

苋科 腺毛藜属

一年生或多年生草本；高 50~100 cm；有强烈香味；茎具色条及钝条棱。叶片披针形，边缘具稀疏不齐的大锯齿，叶背散生油点。花两性或雌性，通常 3~5 个团集，生于上部叶腋；花被绿色。胞果扁球形，完全包于花被内。花果期 6~11 月。生于村旁、路边、河岸等处。

地肤 *Bassia scoparia*（扫帚苗、扫帚菜）dì fū

苋科 沙冰藜属

一年生草本；高达 1.5 m；茎自基部多分枝。叶条状披针形。花两性兼有雌性，常 1~3 朵簇生于上部叶腋；花被近球形，5 深裂，裂片近角形；雄蕊 5，花丝丝状；柱头 2，丝状，花柱极短。胞果扁，果皮膜质，与种子贴伏。种子卵形或近圆形，稍有光泽。花果期 6~10 月。生于路旁村边，常为栽培植物，逸为野生。

猪毛菜 *Kali collinum* zhū máo cài

苋科 猪毛菜属

一年生草本；高达 1 m；茎自基部分枝，有白色或紫红色条纹。叶片丝状圆柱形，顶端有刺状尖。穗状花序，生枝条上部；苞片卵形，有刺状尖，背部有白色隆脊；小苞片狭披针形，顶端有刺状尖；花被片卵状披针形，顶端尖，自背面中上部生鸡冠状突起。花果期 7~10 月。生于山地、路边、灌丛。

反枝苋 *Amaranthus retroflexus*（人行菜、苋菜）fǎn zhī xiàn

苋科 苋属

一年生草本；高达 1 m。叶片菱状卵形，具凸尖，全缘或波状缘，两面及边缘有柔毛，下面毛较密。圆锥花序顶生及腋生；苞片及小苞片钻形，背面有 1 龙骨状突起，伸出顶端成白色尖芒；花被片矩圆形，白色，有 1 淡绿色细中脉。胞果扁卵形，包裹在宿存花被片内。花果期 7~9 月。生于路旁、旷地或山坡。

绿穗苋 *Amaranthus hybridus*（台湾菜）lǜ suì xiàn

苋科 苋属

一年生草本；高达 50 cm。叶片卵形或菱状卵形，具凸尖，边缘波状或有不明显锯齿，下面疏生柔毛。圆锥花序顶生，细长，上升稍弯曲，由穗状花序而成，中间花穗最长；苞片及小苞片钻状披针形，中脉坚硬，绿色，向前伸出成尖芒；花被片矩圆状披针形，中脉绿色。胞果卵形，超出宿存花被片。花果期 7~10 月。生于路旁、旷地或山坡。

合被苋 *Amaranthus polygonoides*（泰山苋）hé bèi xiàn　苋科　苋属

一年生草本；高达 40 cm；茎直立或斜生。叶片菱状卵形或椭圆形，先端微凹，具突尖，全缘或微皱波状，上面绿色，中央常有有一横的白色斑带，下面绿白色。花腋生，单性，雌雄花混生，集成花簇；雌花花被片于果期增大，下部合生成筒状。胞果长圆形。花果期 6~11 月。生于水边、路旁。

皱果苋 *Amaranthus viridis*（绿苋）zhòu guǒ xiàn　苋科　苋属

一年生草本；高 40~80 cm；全体无毛；茎绿色或带紫色。叶片卵形至卵状椭圆形。圆锥花序顶生，细长；苞片及小苞片披针形，顶端具凸尖；花被片矩圆形或宽倒披针形。胞果扁球形，极皱缩。种子近球形，黑色或黑褐色。花果期 6~10 月。生于路旁、旷地或山坡。

凹头苋 *Amaranthus blitum* （野苋）āo tóu xiàn

苋科 苋属

一年生草本；高 10~30 cm；茎伏卧而上升。叶片菱状卵形，顶端凹缺。花腋生，穗状，生在茎端和枝端者成直立穗状花序或圆锥花序；花被片矩圆形或披针形，淡绿色。胞果扁卵形，微皱缩而近平滑，超出宿存花被片。种子环形，黑色至黑褐色。花果期 7~9 月。生于田边、路旁。

长芒苋 *Amaranthus palmeri* cháng máng xiàn

苋科 苋属

一年生草本；高可达 3 m；茎粗壮。叶互生，卵形至菱状卵形，先端常具小突尖，叶柄细长；花单性，雌雄异株，腋生和顶生，腋生者呈短圆柱状，顶生者呈穗状花序，直立或略弯曲，花序较长，可达 60 cm 以上；苞片钻状披针形，先端芒刺状；花被片先端具芒尖。果近球形，包藏于宿存花被片内。花果期 7~10 月。生于路旁、田边、河边和垃圾堆。

碱蓬 *Suaeda glauca*（轮叶婆婆纳）jiǎn péng

苋科 苋属

一年生草本，高可达 1 m。茎直立，粗壮，圆柱状，浅绿色，有条棱，上部多分枝。叶丝状条形，半圆柱状，灰绿色，光滑无毛，稍向上弯曲，先端微尖。花两性兼有雌性，单生或 2~5 朵团集，与叶柄合生；两性花花被杯状，黄绿色；雌花花被近球形，较肥厚，果时增厚，使花被略呈五角星状。胞果包在花被内。种子双凸镜形，黑色，表面具清晰的颗粒状点纹。花果期 7~9 月。生于海滨、荒地、渠岸、田边等含盐碱的土壤上。

（荆凡斌摄）

牛膝 *Achyranthes bidentata*（怀牛膝）niú xī

苋科 牛膝属

多年生草本；高 70~120 cm；茎有棱角或四方形，节间膨大，分枝对生。叶片椭圆形或椭圆披针形，两面有柔毛。穗状花序顶生及腋生，花期后反折；苞片宽卵形，顶端长渐尖；小苞片刺状，顶端弯曲；花被片披针形，有 1 中脉。胞果矩圆形，黄褐色，光滑。花期 7~9 月，果期 9~11 月。生于山坡林下、田边路旁。

萹蓄 *Polygonum aviculare*（猪牙草）biān xù

蓼科 萹蓄属

一年生草本；高 10~40 cm；茎直立，多分枝，具纵棱。叶互生，椭圆形至披针形，全缘，侧脉明显；叶柄短或无，基部具关节；托叶鞘基部褐色，上部白色，膜质，撕裂状。花生于叶腋，遍布于植株；花被 5 深裂，花被片椭圆形，绿色，边缘白色或淡红色。瘦果卵形，具 3 棱，黑褐色。花果期 5~9 月。生于田边、路边、沟边。

习见萹蓄 *Polygonum plebeium*（习见蓼）xí jiàn biān xù

蓼科 萹蓄属

一年生草本；长 10~40 cm；茎平卧，自基部分枝，具纵棱，通常小枝的节间比叶片短。叶狭椭圆形或倒披针形，全缘，侧脉不明显；膜质托叶鞘白色，透明，顶端撕裂。花被 5 深裂；花被片长椭圆形，绿色，背部稍隆起，边缘白色或淡红色。瘦果宽卵形，具 3 锐棱或双凸镜状，黑褐色，包于宿存花被内。花期 5~8 月，果期 6~9 月。生于路旁水边。

酸模 *Rumex acetosa*（酸溜溜）suān mó

蓼科 酸模属

多年生草本；高 40~100 cm；根为须根；茎具深沟槽，通常不分枝。基生叶和茎下部叶箭形，全缘或微波状。狭圆锥状花序顶生，分枝稀疏；花单性，雌雄异株；花绿色带红色，瘦果椭圆形，具 3 锐棱，两端尖，黑褐色。花果期 4~7 月。生于山坡、林缘、沟边、路旁。

巴天酸模 *Rumex patientia*（羊蹄）bā tiān suān mó

蓼科 酸模属

多年生草本；根肥厚粗壮；茎粗壮，具深沟槽，上部分枝。基生叶长圆状披针形，边缘波状；叶柄粗壮，长 5~15 cm；膜质托叶鞘筒状，易破裂。大型圆锥状花序；花两性；花被片绿色。瘦果卵形，具 3 锐棱。花果期 4~8 月。生于沟边湿地、水边、路旁。

齿果酸模 *Rumex dentatus* chǐ guǒ suān mó

蓼科 酸模属

一年生草本；高 30~70 cm；茎自基部分枝，枝斜上，具浅沟槽。茎下部叶长椭圆形，边缘浅波状，茎生叶较小。总状花序，轮状排列；外花被片椭圆形，内花被片果时增大，三角状卵形，边缘每侧具 2~4 个刺状齿。花果期 5~7 月。生于沟边湿地、山坡路旁。

刺酸模 *Rumex maritimus* cì suān mó

蓼科 酸模属

一年生草本；高 15~60 cm；茎自中下部分枝，具深沟槽。茎下部叶披针状长圆形，边缘微波状。花序圆锥状，具叶，花两性，多花轮生；外花被片椭圆形，内花被片果时增大，边缘每侧具 2~3 细长的针刺，全部具长圆形小瘤。瘦果椭圆形，两端尖，具 3 锐棱，黄褐色。花果期 5~7 月。生于河边湿地、田边路旁。

钝叶酸模 *Rumex obtusifolius* dùn yè suān mó

蓼科 酸模属

多年生草本；高 60~120 cm；茎有分枝，具深沟槽。叶长圆状卵形，基部心形，边缘微波状；叶柄被小突起；托叶鞘膜质，易破裂。花序圆锥状具叶，分枝斜上；花两性，密集成轮；花梗细弱，丝状，中下部具关节，关节明显；外花被片边缘每侧具 2~3 个刺状齿，通常 1 片具小瘤。花果期 5~7 月。生于路旁、沟边湿地。

独行菜 *Lepidium apetalum* （辣辣菜、羊拉拉、葶苈）dú xíng cài

十字花科 独行菜属

一年生或二年生草本；高 5~30 cm；茎自基部多分枝。基生叶窄匙形，一回羽状浅裂或深裂；茎上部叶线形。总状花序在果期可延长至 5 cm；萼片早落，卵形；花瓣无或退化成丝状。短角果近圆形，扁平。花果期 4~7 月。生在山坡、山沟、路旁及村庄附近。

密花独行菜 *Lepidium densiflorum* mì huā dú xíng cài

十字花科 独行菜属

一年生或二年生草本；高达 50 cm；茎上部多分支。基生叶莲座状，羽状分裂，边缘有深锯齿；茎中下部叶长圆披针形，边缘有不规则缺刻状尖锯齿；茎上部叶线形，边缘疏生锯齿或近全缘。总状花序有多数密生花，果期伸长；无花瓣或花瓣退化成丝状。短角果圆状倒卵形，顶端圆钝，微缺，有翅，上部最宽。花果期 4~7 月。生于山地、田边及路旁。

草瑞香 *Diarthron linifolium* （栗麻） cǎo ruì xiāng

瑞香科 草瑞香属

一年生草本；高 10~40 cm；上部多分枝，扫帚状，小枝纤细。叶互生，散生于小枝上，线形至线状披针形，全缘；叶柄极短或无。花小，绿色，成顶生总状花序；无苞片；花梗短，花萼筒细小，筒状，裂片 4，卵状椭圆形；雄蕊 4，着生于花萼筒中部以上。果实卵形或圆锥状，黑色，被宿存的花萼筒所包围。花果期 5~9 月。生于沙质山坡及灌草丛。

蜜甘草 *Phyllanthus ussuriensis*（蜜柑草）mì gān cǎo

大戟科 叶下珠属

一年生草本；高达 60 cm；茎直立，常基部分枝，枝条细长。叶披针形，互生，排成两列，上面绿色，主脉明显白色，下面白绿色。花两性，雌雄同株，单生叶腋。蒴果扁球状，平滑，成熟时果瓣裂开；果梗短。种子黄褐色，具有褐色疣点。花期 4~7 月，果期 7~10 月。生于山坡、路旁或草地。

蓖麻 *Ricinus communis* bì má

大戟科 蓖麻属

一年生高大粗壮草本；高达 5 m；小枝、叶和花序通常被白霜，茎多液汁。叶掌状 7~11 深裂，边缘具锯齿，网脉明显；叶柄粗壮，中空，顶端具 2 枚盘状腺体，基部具盘状腺体。花两性，雌雄同株，总状花序或圆锥花序。蒴果近球形，果皮具软刺。种子椭圆形，微扁平，平滑，斑纹淡褐色或灰白色。花果期 6~9 月。原为栽培植物，常逸为野生。

地构叶 *Speranskia tuberculata* dì gòu yè

大戟科 地构叶属

多年生草本；高 25~50 cm。叶披针形或卵状披针形，边缘具疏离圆齿或有时深裂，齿端具腺体，上面疏被短柔毛，下面被柔毛或仅叶脉被毛。总状花序，上部为雄花，下部为雌花；蒴果三角状扁球形，被柔毛和具瘤状突起。种子卵形，顶端急尖，灰褐色。花期 4~6 月，果期 5~7 月。生于林下、山坡草丛或灌丛。

铁苋菜 *Acalypha australis* （蛤蜊花、海蚌含珠） tiě xiàn cài

大戟科 铁苋菜属

一年生草本；高 20~50 cm。叶长卵形，基出三脉，边缘具圆齿；花单性，雌雄花同序，无花瓣；穗状花序腋生，雌花苞片卵状心形，合时如蚌壳，边缘具锯齿；雄花生于花序上部，呈穗状排列，雌花萼片 3 枚，花柱 3 枚。蒴果具 3 个分果爿，果皮具疏生毛和毛基变厚的小瘤体。花果期 6~10 月。生于山坡较湿润耕地和空旷草地、农田。

大戟 *Euphorbia pekinensis* dà jǐ

大戟科 大戟属

多年生草本；长 20~40 cm；有白色乳汁。叶互生，宽条形，全缘；主脉明显，黄色；总苞叶 4~7 枚，长椭圆形。花序单生于二歧分枝顶端；总苞杯状，边缘 4 裂，裂片半圆形；腺体 4，半圆形或肾状圆形。蒴果球状，被稀疏的瘤状突起，成熟时分裂为 3 个分果爿。花期 5~8 月，果期 6~9 月。生于山坡、灌丛、路旁、荒地、草丛、林缘和疏林内。

乳浆大戟 *Euphorbia esula*（乳浆草、猫眼草）rǔ jiāng dà jǐ

大戟科 大戟属

多年生草本；高 30~60 cm；有白色乳汁。叶互生，条形，无叶柄；不育枝叶常为松针状。总花序多歧聚伞状；苞叶 2 枚，常为肾形；总苞钟状，边缘 5 裂，腺体 4，新月形，两端具短角。蒴果三棱状球形，具 3 个纵沟；成熟时分裂为 3 个分果爿。花果期 4~10 月。生于路旁、杂草丛、山坡、林下、河沟边、荒山、沙丘及草地。

齿裂大戟 *Euphorbia dentata* （紫斑大戟、齿叶大戟） chǐ liè dà jǐ

大戟科 大戟属

一年生草本；高 20~50 cm；有白色乳汁；茎单一，上部多分枝。叶对生，叶片变形极大，线形至卵形，全缘、浅裂至波状齿裂；总苞叶 2~3 枚，与茎生叶相同。花序聚伞状生于枝顶；总苞钟状；腺体 1 枚，两唇形，淡黄褐色。蒴果扁球状，具 3 个纵沟；成熟时分裂为 3 个分果爿。花果期 7~10 月。原产于北美洲，近年在我国广泛传播，生于杂草丛、路旁及沟边。

地锦草 *Euphorbia humifusa* （地锦） dì jǐn cǎo

大戟科 大戟属

一年生匍匐草本；长达 30 cm；茎自基部多分枝，常紫红色。叶对生，矩圆形，先端钝圆，基部偏斜，边缘常于中部以上具细锯齿。杯状花序单生于叶腋；总苞陀螺状，裂片三角形；腺体 4，具白色或淡红色花瓣状附属物。蒴果三棱状卵球形，成熟时分裂为 3 个分果爿，花柱宿存。花果期 5~10 月。生于荒地、路旁、田间、山坡等处。

斑地锦草 *Euphorbia maculata* （斑地锦）bān dì jǐn cǎo

大戟科 大戟属

一年生匍匐草本；长 10~17 cm；茎被白色疏柔毛。叶对生，长椭圆形，基部偏斜，边缘中部以上具疏锯齿；叶中部具紫色斑点。花序单生叶腋；总苞狭杯状，具白色疏柔毛，边缘 5 裂；腺体 4，黄绿色，横椭圆形，边缘具白色附属物。蒴果三角状卵形，被柔毛，成熟时易分裂为 3 个分果爿。花果期 4~9 月。生于田边、路旁。

大地锦草 *Euphorbia nutans* （大地锦）dà dì jǐn cǎo

大戟科 大戟属

一年生草本；高达 50 cm；茎粗壮，匍匐、直立或斜升，多分枝，被白色疏柔毛。叶对生，较大，长椭圆形，基部偏斜，叶缘具疏锯齿；下部叶片叶中部具紫色斑点，向上渐无。花序单生或簇生叶腋；总苞狭杯状，具白色疏柔毛；腺体 4，黄绿色，横椭圆形，边缘具白色附属物。蒴果三角状卵形，被柔毛。花果期 5~9 月。生于田边、路旁。

小蓬草 *Erigeron canadensis*（小飞蓬、飞蓬、小白酒草）xiǎo péng cǎo

菊科 飞蓬属

一年生草本；高 50~100 cm；茎具棱，有条纹，被疏长硬毛，上部多分枝。叶密集，下部叶倒披针形，边缘具疏锯齿或全缘；中上部叶较小，线状披针形。头状花序小，排列成顶生的大型圆锥状花序；雌花舌状，白色；两性花管状，淡黄色；冠毛污白色，糙毛状。花期 5~10 月。原产于北美洲，现在各地广泛分布；常生于荒地、田边和路旁。

香丝草 *Erigeron bonariensis*（野塘蒿）xiāng sī cǎo

菊科 飞蓬属

一年生或二年生草本；高 20~50 cm；茎中部以上常分枝，密被贴短毛，杂有开展的疏长毛。下部叶倒披针形或长圆状披针形，通常具粗齿或羽状浅裂；中上部叶狭披针形或线形，具齿；上部叶全缘，两面密被贴糙毛。头状花序多数，在茎端排列成总状圆锥花序；雌花多层，白色；两性花淡黄色；冠毛淡红褐色。花果期 5~11 月。常生于荒地、田边、路旁。

天名精 *Carpesium abrotanoides*（野烟叶）tiān míng jīng

菊科 天名精属

多年生粗壮草本；高 50~100 cm；茎上部密被柔毛；茎下部叶宽椭圆形，上面被柔毛，下面密被柔毛，具不规则钝齿。叶柄密被柔毛；茎上部叶较密，椭圆状披针形，具短柄；头状花序多数，生茎端及沿茎、枝生于叶腋，近无梗，成穗状排列；总苞钟状球形，雌花窄筒状，两性花筒状。花期 8~10 月，果期 10~12 月。生于村旁、路边荒地、溪边或林缘。

烟管头草 *Carpesium cernuum*（烟袋草、烟袋管草）yān guǎn tóu cǎo

菊科 天名精属

多年生草本；高 50~100 cm；全株被柔毛及腺点。基生叶具长柄；下部具狭翅，叶片长椭圆形，边缘具锯齿；向上部叶渐小，椭圆状披针形，近无柄。头状花序单生，开花时下垂，外形似烟斗；苞叶多枚，大小不等；总苞壳斗状；雌花狭筒状，中部较宽，两端稍收缩，两性花筒状，向上增宽，冠檐 5 齿裂。花果期 7~10 月。生于林下、林缘、山路旁。

苍耳 *Xanthium strumarium*（苍子）cāng ěr

菊科 苍耳属

一年生草本；高 20~90 cm。叶三角状卵形或心形，3~5 不明显浅裂，边缘有不规则的粗锯齿，基出脉三条；叶柄长 3~11 cm。花单性，雌雄同株；雄性头状花序球形，具多数雄花，花冠钟形；雌性头状花序椭圆形，具 2 雌花。瘦果具疏生的钩状刺，刺极细而直；喙坚硬，锥形。花果期 7~10 月。生于荒野、路边、田边。

（张海森摄）

北美苍耳 *Xanthium chinense* běi měi cāng ěr

菊科 苍耳属

一年生草本；高达 1.5 m；茎具棱角，紫色间断条纹或紫斑。叶片三角形至圆形，3~5 锐裂，边缘具钝齿。花单性，雌雄同株；雄头状花序，生于分枝端部，雌头状花序着生下端。果实熟时深褐色，中间不显著膨大，光滑，苞刺细硬，等长，先端有小细沟，喙 2 条，靠合或分叉，直立或弓形，先端弯曲或具软小钩。花果期 7~11 月。原产于北美洲，现在中国广泛分布，常生于山地、路旁、田边、荒地、河边。

意大利苍耳 *Xanthium strumarium* subsp. *italicum* yì dà lì cāng ěr

菊科 苍耳属

一年生草本；高达 1.5 m；茎有棱，常多分枝，粗糙具毛，有紫色斑点。叶片三角状卵形至宽卵形，3~5 浅裂，有 3 条主脉，边缘具不规则的齿或裂，两面被短硬毛。头状花序单性同株；雄花序生于雌花序的上方；雌花序具 2 花。总苞结果时长圆形，外面特化成倒钩刺，刺上被白色透明的刚毛和短腺毛。花果期 7~9 月。常生于水边。

石胡荽 *Centipeda minima* （鹅不食草、球子草）shí hú suī

菊科 石胡荽属

一年生草本；高 5~20 cm；植株矮小，茎多分枝，匍匐状。叶互生，楔状倒披针形，顶端钝，基部楔形，边缘有少数锯齿。头状花序小，扁球形，单生于叶腋，花序梗无或极短；总苞半球形；花杂性，淡绿黄色。瘦果椭圆形，具 4 棱，棱上有长毛，无冠毛。花果期 6~10 月。生于路旁、田埂、农田、荒野阴湿地。

茵陈蒿 *Artemisia capillaris*（因陈、茵陈、白蒿）yīn chén hāo

菊科 蒿属

半灌木状草本；高 50~100 cm；茎、枝、基生叶、茎下部叶初时密生灰白色柔毛，后渐稀疏或脱落。基生叶密集着生，常成莲座状；叶 2~3 回羽状全裂，小裂片狭线形或丝线形。头状花序排成复总状花序，并在茎上端组成大型圆锥花序。花果期 7~10 月。生于低海拔地区河岸、海岸附近的湿润沙地、路旁及低山坡地区。

蒌蒿 *Artemisia selengensis*（芦蒿、水蒿）lóu hāo

菊科 蒿属

多年生草本；高 60~150 cm。叶上面绿色，背面灰白色，密被蛛丝状绵毛；叶常掌状 3~5 全裂或深裂，叶缘通常具细锯齿。头状花序多数，在分枝上排成密穗状花序，并在茎上组成狭而伸长的圆锥花序；总苞片 3~4 层；雌花花冠狭管状，檐部具一浅裂，花柱细长，伸出花冠外甚长；两性花花冠管状。花果期 7~11 月。多生于河湖岸边与沼泽地带。

（张海森摄）

南牡蒿 *Artemisia eriopoda* nán mǔ hāo

菊科 蒿属

多年生草本；高 30~70 cm。基生叶具长柄，羽状开裂或不裂，仅边缘具数枚疏锯齿，有光泽；中部叶与基生叶相似，近无柄，基部有线形分裂的假托叶；上部叶渐小，长卵形，羽状全裂，先端常有 3 枚浅裂齿。头状花序多数，基部具线形的小苞叶，在茎上组成圆锥花序；花黄绿色。花果期 6~10 月。生于林缘、路旁、山坡、灌丛、溪边、疏林或林中空地。

牡蒿 *Artemisia japonica* mǔ hāo

菊科 蒿属

多年生草本；高 50~150 cm。下部叶倒卵形或宽匙形，自叶上端斜向基部羽状深裂或半裂，裂片上端常有缺齿；中上部叶小，上端具 3 浅裂或不分裂，常有小型、线形的假托叶。头状花序基部具线形小苞，在茎上组成圆锥花序；花杂性，雌花花柱伸出花冠外；两性花管状。花果期 7~10 月。生于林缘、林中空地、疏林下、灌丛、丘陵、山坡和路旁等。

黄花蒿 *Artemisia annua*（黄蒿）huáng huā hāo

菊科 蒿属

一年生草本；高 50~150 cm；植株有浓烈的挥发性香气；茎有纵棱，幼时绿色，后变褐色或红褐色，多分枝。叶 3~4 回栉齿状羽状深裂，小裂片边缘具多枚三角形的深裂齿。头状花序球形，下垂或倾斜，并在茎上组成圆锥花序；总苞片 3~4 层；花深黄色。花果期 8~10 月。在各种生境下适应性强，常生长在路旁、荒地、山坡、林缘等处。

白莲蒿 *Artemisia stechmanniana*（白蒿、铁秆蒿）bái lián hāo

菊科 蒿属

半灌木状草本；高 50~100 cm；茎多数，丛生，褐色，具纵棱，下部木质。叶三角状卵形，2~3 回栉齿状羽状分裂，小裂片栉齿状披针形；全部叶片背面灰白色，被柔毛。头状花序近球形，下垂，并在茎上组成圆锥花序；花杂性，雌花和两性花管状。花果期 8~10 月。生于林地、林缘、山坡、路旁、灌丛。

蒙古蒿 *Artemisia mongolica* méng gǔ hāo

菊科 蒿属

多年生草本；高 50~120 cm；茎少数或单生，具明显纵棱；分枝多。叶背面密被灰白色茸毛；叶形变化极大，中下部叶羽状全裂或深裂；上部叶渐小，羽状全裂 3~5 全裂，裂片披针形或线形。头状花序多数，直立，在茎上组成窄圆锥花序；花杂性，雌花和两性花管状，紫色。花果期 8~10 月。生于中或低海拔地区的山坡、灌丛、河湖岸边及路旁等。

艾 *Artemisia argyi*（艾蒿）ài

菊科 蒿属

多年生草本；高 50~120 cm；植株有浓烈香气；茎、枝均被灰色蛛丝状柔毛。叶上面被灰白色短柔毛，背面密被灰白色蛛丝状密茸毛；基生叶具长柄，花期萎谢；茎下部叶羽状深裂，每侧具裂片 2~3 枚；中上部叶羽状深裂或半裂。头状花序在茎上组成圆锥花序，花后头状花序下倾；总苞片背面密被灰白色绵毛；小花管状，紫红色。花果期 7~10 月。生于荒地、路旁河边及山坡等地。

野艾蒿 *Artemisia lavandulifolia*（荫地蒿、野艾、狭叶艾）yě ài hāo

菊科 蒿属

多年生草本；高 50~120 cm；植株有香气；茎、枝被灰白色蛛丝状短柔毛。叶上面绿色，背面除中脉外密被灰白色密绵毛；叶 2 回羽状全裂或深裂，具长柄。头状花序极多数，在茎上组成圆锥花序，花后头状花序多下倾；总苞片背面密被柔毛；小花管状，紫红色。花果期 8~10 月。生于路旁、林缘、山坡、草地、山谷、灌丛。

矮蒿 *Artemisia lancea*（细叶艾、小蓬蒿）ǎi hāo

菊科 蒿属

多年生草本；高达 1.7 m；茎多数，丛生，具细棱，高可达 2 m；中部以上有多数向上斜展的分枝。基生叶与茎下部叶 1~2 回羽状全裂，每侧有裂片 3~4 枚，背面密被毛；上部叶与苞片叶 5 或 3 全裂或不分裂，有时基部 1 对小裂片成假托叶状。头状花序多数，卵形或长卵形，在茎上端组成圆锥花序；花杂性，雌花与两性花管状，紫红色。花果期 8~10 月。生于山地林缘、路旁、荒坡及疏林下。

大籽蒿 *Artemisia sieversiana*（大白蒿、大头蒿）dà zǐ hāo

菊科 蒿属

一至二年生草本；高达 1.5 m；茎单生，具明显纵棱，分枝多，茎、枝、叶被灰白色微柔毛。中下部叶宽卵形，二至三回羽状全裂，小裂片边缘有缺齿，具叶柄；上部叶及苞片叶羽状全裂或不分裂，无柄。头状花序大，多数，半球形，下垂，在茎上组成圆锥花序；花杂性，雌花与两性花管状，黄色。花果期 6~9 月。生于路旁、荒地、河漫滩、山坡或林缘等。

青蒿 *Artemisia caruifolia* qīng hāo

菊科 蒿属

一年生草本；高 30~150 cm；茎单生，上部多分枝，有纵纹。叶两面青绿色，无毛；基生叶与茎下部叶 3 回栉齿状羽状分裂，有长叶柄，花期叶凋谢；中部叶长圆形，2 回栉齿状羽状分裂，叶柄基部有半抱茎的假托叶；上部叶渐小，无柄。头状花序半球形，下垂，在茎上组成圆锥花序；花淡黄色。花果期 6~9 月。常生于湿润的河岸边、路旁等。

魁蒿 *Artemisia princeps* kuí hāo

菊科 蒿属

多年生草本；高 60~150 cm；茎褐色，纵棱明显，中部以上分枝。叶背面密被灰白色茸毛；下部叶一至二回羽状深裂，具长柄；中部叶羽状深裂或半裂，叶柄基部有小型的假托叶；上部叶渐小，具短柄。头状花序多数，长圆形或长卵形，下垂，在茎上组成大型圆锥花序；花杂性，黄色。花果期 7~11 月。生于林下、林缘、路旁、山坡、灌丛及沟边。

龙须菜 *Asparagus schoberioides*（雉隐天冬）lóng xū cài

天门冬科 天门冬属

多年生草本；高可达 1 m；茎上部和分枝具纵棱，分枝有时有极狭的翅。叶状枝通常每 3~4 枚成簇，窄条形，基部近锐三棱形，上部扁平；鳞片状叶近披针形，基部无刺。花每 2~4 朵腋生，黄绿色；花梗极短。浆果球形，熟时红色。花果期 5~9 月。生于山地草坡或林下。

（张海森摄）

长花天门冬 *Asparagus longiflorus* cháng huā tiān mén dōng

天门冬科 天门冬属

多年生草本；高可达 1 m；茎上部和分枝具纵棱，分枝有时有极狭的翅。叶状枝通常每 3~4 枚成簇，窄条形，基部近锐三棱形，上部扁平；鳞片状叶近披针形，基部无刺。花每 2~4 朵腋生，黄绿色；花梗极短。浆果球形，熟时红色。花果期 5~9 月。生于山地草坡或林下。

直立百部 *Stemona sessilifolia* zhí lì bǎi bù

百部科 百部属

轮生，卵状椭圆形或卵状披针形。花单朵腋生；花向上斜升或直立；花被片淡绿色；雄蕊紫红色；花丝短；花药顶端具附属物，披针形。蒴果卵形，下垂。花果期 3~7 月。生于林下和灌草丛中。

水生草本

欧菱 *Trapa natans*（四角矮菱）ōu líng

千屈菜科　菱属

一年生浮水草本；根二型：着泥根细铁丝状，生水底泥中；同化根，羽状细裂，裂片丝状，绿褐色；茎柔弱，分枝。叶二型：浮水叶互生，形成莲座状菱盘，叶片三角形状菱形，脉间有棕色斑块，叶边缘中上部具重锯齿；叶柄中上部常膨大成海绵质气囊；沉水叶小，早落；花小，白色，单生于叶腋。果三角状菱形，具4刺角，2肩角斜上伸，2腰角向下伸，刺角扁锥状；果喙圆锥状、无果冠。花果期4~11月。生于湖泊、池塘、河道等静水中。

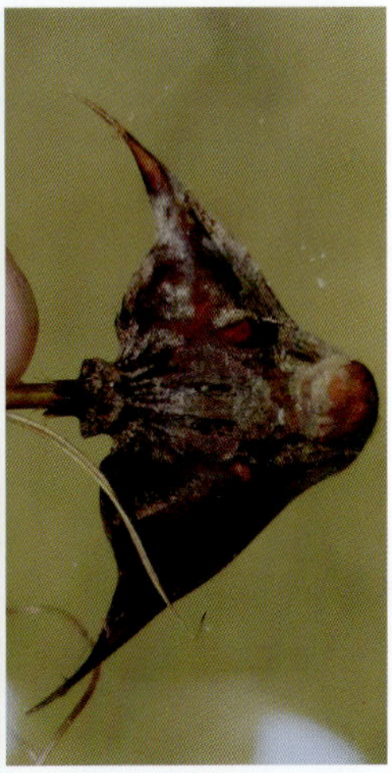

两栖蓼 *Persicaria amphibia* liǎng qī liǎo

蓼科　蓼属

多年生草本；高60~150 cm；茎褐色，纵棱明显，中部以上分枝。叶背面密被灰白色茸毛；下部叶一至二回羽状深裂，具长柄；中部叶羽状深裂或半裂，叶柄基部有小型的假托叶；上部叶渐小，具短柄。头状花序多数，长圆形或长卵形，下垂，在茎上组成大型圆锥花序；花杂性，黄色。花果期7~11月。生于林下、林缘、路旁、山坡、灌丛及沟边。

豆瓣菜 *Nasturtium officinale* dòu bàn cài

十字花科 豆瓣菜属

多年生水生草本；高 20~40 cm；茎匍匐或浮水生，多分枝，节上生不定根。奇数羽状复叶，小叶片长圆形，顶端 1 片较大，钝头或微凹，近全缘或呈浅波状，基部截平，小叶柄细而扁，侧生小叶与顶生的相似，基部不对称，叶柄基部成耳状，略抱茎。总状花序顶生，花多数；萼片长卵形；花瓣白色，倒卵形。长角果圆柱形而扁。种子卵形，红褐色，表面具网纹。花期 4~5 月，果期 6~7 月。喜生水中，水沟边、山涧河边。

水烛 *Typha angustifolia* （蒲草、狭叶香蒲） shuǐ zhú

香蒲科 香蒲属

多年生水生或沼生草本；高 1.5~3 m；地上茎直立，粗壮。叶片长条形，较窄，上部扁平，中部以下腹面微凹，背面向下逐渐隆起呈凸形，下部横切面呈半圆形；叶鞘抱茎；雌雄花序分离；叶状苞片 1~3 枚，花后脱落。雌花序基部具 1 枚叶状苞片，花后脱落。果序圆柱状，棕色。花果期 5~9 月。生于水边、湿地。

宽叶香蒲 *Typha latifolia* kuān yè xiāng pú

香蒲科 香蒲属

多年生水生或沼生草本；高 1~2.5 m；地上茎粗壮。叶条形，叶片较宽；光滑无毛，上部扁平，背面中部以下逐渐隆起；下部横切面近新月形，细胞间隙较大，呈海绵状；叶鞘抱茎。雌雄花序紧密相接；花期时雄花序比雌花序粗壮；叶状苞片 1~3 枚，上部短小，花后脱落。小坚果披针形，褐色，果皮通常无斑点。种子褐色。花果期 5~8 月。生于水边、湿地。

金鱼藻 *Ceratophyllum demersum*（细草、软草、灯笼丝）jīn yú zǎo

金鱼藻科 金鱼藻属

多年生沉水草本；茎平滑，具分枝。叶 4~12 轮生，1~2 次二叉状分歧，裂片丝状，或丝状条形，先端带白色软骨质，边缘外侧有细齿。花直径约 2 mm；苞片 9~12，条形，浅绿色，透明，先端有 3 齿及带紫色毛；雄蕊 10~16，微密集；子房卵形，花柱钻状。花果期 6~10 月。生于池塘、河沟。

（张海森摄）

（张海森摄）

竹叶眼子菜 *Potamogeton wrightii* （扭叶眼子菜）zhú yè yǎn zǐ cài

眼子菜科 眼子菜属

多年生沉水草本；根茎发达，节上生多数须根；茎圆柱形。叶全部沉水，长椭圆形或披针形，纵向卷缩或扭曲，无柄，边缘浅波状；中脉明显，横脉清晰可见；托叶抱茎，托叶鞘开裂，厚膜质。穗状花序腋生，具花多轮，密集，每轮 3 花；花序梗与茎等粗；花小，无柄，被片 4，黄绿色。花果期 5~9 月。生于湖泊、池塘、水流较稳的河水中。

菹草 *Potamogeton crispus* （札草、虾藻）zū cǎo

眼子菜科 眼子菜属

多年生沉水草本。叶条形，无柄，先端钝圆，基部与托叶合生，叶缘强烈呈波状，具疏或稍密的细锯齿；叶脉 3~5 条，平行，中脉近基部两侧伴有通气组织形成的细纹，次级叶脉疏而明显可见。穗状花序顶生，具花 2~4 轮，初时每轮 2 朵对生，花小，被片 4，淡绿色。花果期 4~7 月。生于池塘、水沟、灌渠及缓流河水中。

小眼子菜 *Potamogeton pusillus* （丝藻、线叶眼子菜）xiǎo yǎn zǐ cài 眼子菜科 眼子菜属

多年生沉水草本；茎纤细，具分枝，近基部常匍匐地面，并于节处生出稀疏而纤长的白色须根。叶线形，无柄，先端渐尖，全缘；叶脉 1 或 3 条，中脉明显，侧脉不出现或不明显；托叶为透明的膜质，常早落。穗状花序顶生，具花 2~3 轮，间断排列；花小，被片 4，绿色；雌蕊 4 枚。果实斜倒卵形。花果期 5~10 月。生于池塘、湖泊等静水或缓流之中。

篦齿眼子菜 *Stuckenia pectinata* （龙须眼子菜）bì chǐ yǎn zǐ/zi cài 眼子菜科 篦齿眼子菜属

多年生沉水草本；根茎发达，白色，具分枝。叶丝状，基部与托叶贴生成鞘；叶脉 3 条，平行，顶端连接，中脉显著，边缘脉细弱而不明显。穗状花序顶生，具花 4~7 轮，间断排列；花序梗细长，与茎近等粗；花被片 4，圆形或宽卵形；雌蕊 4 枚。果实倒卵形。花果期 5~10 月。生于河沟、水渠、池塘等处。

荇菜 *Nymphoides peltata* xìng cài

睡菜科 荇菜属

多年生水生草本；茎圆柱形，多分枝，密生褐色斑点，节下生根。叶片飘浮，近革质，圆形或卵圆形，基部心形，全缘，有不明显的掌状叶脉，下面紫褐色，密生腺体，粗糙，上面光滑，叶柄圆柱形，基部变宽，呈鞘状，半抱茎。花多数，花冠金黄色，分裂至近基部。蒴果无柄，椭圆形，花柱宿存，成熟时不开裂。种子褐色，椭圆形，边缘密生睫毛。花果期 4~10 月。生于池塘或不甚流动的河溪中。

水鳖 *Hydrocharis dubia* shuǐ biē

水鳖科 水鳖属

多年生浮水草本植物，有匍匐茎，具须状。叶圆状心形，全缘，上面深绿色，下面略带红紫色，具长柄。花单性；雄花聚生于具 2 枚叶状苞片的花梗上；雌花单生于苞片内；花被片 6，两轮，白色。果实肉质，卵圆形。种子多数。花果期 8~10 月。生于河流、池塘、沼泽等静水中。

大茨藻 *Najas marina* dà cí zǎo

水鳖科 茨藻属

一年生沉水草本；植株较粗壮，呈黄绿色至墨绿色，质脆，极易从节部折断；分枝呈二叉状，常具稀疏锐尖的粗刺。叶无柄，近对生和3叶假轮生；叶片线状披针形，边缘每侧具4~10枚粗锯齿，背面沿中脉疏生刺状齿；叶鞘宽圆形，抱茎；花黄绿色，单生叶腋。瘦果黄褐色，椭圆形或倒卵状椭圆形。花果期9~11月。生于池塘、湖泊和缓流河水中。

野慈姑 *Sagittaria trifolia* yě cí gū

泽泻科 慈姑属

多年生水生或沼生草本；挺水叶箭形。叶柄三棱状，基部渐宽，鞘状；花葶粗壮，三棱状。花序总状或圆锥状；苞片3枚，基部多少合生，先端尖；花单性；花被片白色；雌花通常1~3轮，心皮多数，两侧压扁；雄花多轮，雄蕊多数，花丝丝状，花药黄色。瘦果两侧压扁，倒卵形，具翅，果喙短。花果期5~10月。生于湖泊、池塘和沼泽。

大薸 *Pistia stratiotes*（水白菜）dà piáo

天南星科 大薸属

水生飘浮草本；具多数长而悬垂的根，须根密集，羽状。叶簇生成莲座状，叶片倒三角形、倒卵形、扇形，以至倒卵状长楔形，先端截头状或浑圆，基部厚，二面被毛，基部尤为浓密；叶脉扇状伸展，背面明显隆起成折皱状；佛焰苞白色，外被茸毛。花期 6~11 月。原为引种栽培，后逸为野生，生于河道水流平稳处。

菖蒲 *Acorus calamus*（水菖蒲）chāng pú

菖蒲科 菖蒲属

多年生挺水草本；植株芳香。叶基生，剑形，长 90~150 cm，绿色，光亮，基部叶鞘套叠；中脉在两面均明显隆起，侧脉 3~5 对，平行；佛焰苞叶状。肉穗花序斜向上或近直立，圆柱形；花黄绿色。浆果长圆形，红色。花果期 4~7 月。生于河边和沼泽湿地。

紫萍 *Spirodela polyrhiza*（浮萍、萍、水萍）zǐ píng

浮萍科 紫萍属

浮水小草本；植株为叶状体，叶状体扁平，阔倒卵形，先端钝圆，表面绿色，背面紫色，具掌状脉 5~11 条，背面中央生 5~11 条白绿色的根。生于静水池塘、湖泊和水沟等处。

浮萍 *Lemna minor* fú píng

浮萍科 浮萍属

浮水小草本；植株为叶状体，常几个聚在一起。叶状体对称，表面绿色，背面浅黄色或绿白色或常为紫色，近圆形，倒卵形或倒卵状椭圆形，全缘，上面稍凸起或沿中线隆起，脉 3，不明显，背面垂生 1 条白色丝状根。生于静水池塘、湖泊和水沟等处。常与紫萍混生。

穗状狐尾藻 *Myriophyllum spicatum* suì zhuàng hú wěi zǎo

小二仙草科 狐尾藻属

多年生沉水草本；茎圆柱形，长 1~2.5 m，分枝极多。叶常 4~6 片轮生，羽状全裂，裂片细线形。花单性同株，单生于苞片状叶腋内，穗状花序生于水面上；上部为雄花，下部为雌花；雄花萼筒广钟状，顶端 4 深裂，花瓣 4，阔匙形，凹陷，粉红色；雌花萼筒管状，4 深裂；无花瓣，雌蕊粉红色。果球形。花果期 5~9 月。生于湖泊、池塘、河沟和沼泽。

花蔺 *Butomus umbellatus*（金盏菜）huā lìn

花蔺科 花蔺属

多年生水生草本，通常成丛生长。根茎横走或斜向生长，节生须根多数。叶条形，基生，长 30~120 cm，先端渐尖，基部扩大成鞘状，鞘缘膜质。花葶圆柱形，长约 70 cm；花序基部 3 枚苞片卵形，先端渐尖；花柄长 4~10 cm；花被片外轮较小，萼片状，绿色而稍带红色，内轮较大，花瓣状，粉红色；雄蕊花丝扁平，基部较宽。蓇葖果成熟时开裂，顶端具长喙。花果期 7~9 月。生于湖泊、水塘、沟渠的浅水中或沼泽里。

（张海森摄）

（张海森摄）

附录 山东常见植物名录